HIRE

TT. 21.

a. 5. L.

V 2350.
A.

Id en difference de

V 2350 Ires. 2125

2972

DISCOVRS
SVR
LES COMETES.

Suivant les principes de
M. DESCARTES.

Où l'on fait voir combien peu solides &
mal fondées sont les opinions de ceux,
qui croyent que les Cometes sont
composées,

Ou d'exhalaisons terrestres,
Ou des sueurs de toute la Sphere
Elementaire,

Ou de quelque matiere celeste plus
condensée qu'à l'ordinaire,

Ou d'vne tres grande quantité de petites Estoiles qui se sont jointes ensemble.

Composé par I. D. P. M.

A PARIS,

Chez Clousier au pied de la tour de N.
Dames à l'enseigne des trois Vertus.

M. DC. LXV.
AVEC PERMISSION.

aug. disci par. 1.ᵗ 21272

A

MONSEIGNEVR

COLBERT

MINISTRE D'ESTAT,
& Intendant des Finances.

ONSEIGNEVR,

*La Comete ayant donné
de l'exercice non seulement*

aux peuples , qui ont d'abord
fait paroiftre vn merveilleux
empreſſement pour la voir :
mais auſsi aux Mathemati-
ciens & aux Philoſophes , qui
ſe ſont appliquez durant l'eſ-
pace de deux mois à en ob-
ſerver toutes les dèmarches ,
& à nous en découvrir les cau-
ſes & les differents effets : i'ay
eſté auſsi moy-meſme du nombre de ceux qui ont eu la curioſité d'étudier vn peu ce
qui regarde cette maticre.
Ce n'eſtoit d'abord que pour
mon divertiſſement , & pour
ma ſatisfaction particuliere :

mais ayant esté depuis solli-
cité par quelques-vns de mes
amis, à qui ie fis voir les rè-
flexions que i'avois faites,
de les vouloir donner au public: ie ne pouvois, MON-
SEIGNEVR, dans la
resolution que i'ay enfin prise
de condescendre à leurs de-
sirs, faire choix de personne,
de qui la protection me pût
estre tout ensemble, & plus
glorieuse & plus avanta-
geuse que la vostre. Car comme vous n'employez vos soins
continuels, & vos veilles in-
fatigables, qu'à chercher les

EPITRE.

moyens de délivrer les peuples des miseres , qui sont
les suites inévitables des lon-
gues guerres : i'ay grand suiet dans l'entreprise que ie
fais icy de délivrer les esprits des frayeurs mal-fon-
dées , dont les anciens Philosophes les ont remply au
suiet des Cometes , & tas-
chant de faire voir que ces
Phænomenes ne sçauroient
menacer ny les Roys , ny les
peuples d'vne infinité d'accidents & de miseres , com-
me ils nous ont voulu faire
croire. I'ay dis-ie grand suiet ,

EPITRE.

MONSEIGNEVR,

d'esperer de vostre bonté l'honneur de vostre protection, qui m'est si necessaire pour empescher que les noms de ces grands hommes, dont ie tasche de refuter icy les sentiments, ne fassent d'abord plus d'impression, que les raisons que i'apporte pour les combatre. Pour mon particulier, MONSEIGNEVR, ce m'est vn bon-heur extraordinaire d'avoir vne occasion aussi favorable comme m'est celle-cy, de pouvoir témoigner

EPITRE.

à tout le monde avec com-
bien de soûmission, & de ref-
pect ie veux eftre toute ma
vie,

MONSEIGNEVR,

Voftre tres-humble & tres-
obeïffant ferviteur.
I. D. P. M.

AVIS AV LECTEVR.

IE puis, ce me semble, distinguer trois sortes de personnes, entre les mains desquelles ce petit discours pourra tomber, à sçavoir des sçavants, des ignorants, & d'autres qui tiennent comme le milieu entre les deux, & que j'appelle demy-sçavants.

Les sçavants pourront peut-estre se plaindre que je n'approfondis pas assez cette matiere, & qu'il y auroit des recherches d'Astronomie bien plus belles & plus curieuses à faire sur ce Phœnomene que ne sont celles que je fais icy. Mais ils m'excuseront sans doute, s'ils veulent se donner la peine de considerer qu'estant, comme je les crois, éclairez sur ces matieres, ils n'ont aucunement besoin de mes instructions. Outre qu'il n'auroit pas esté raisonnable de s'appliquer à fatisfaire la curiofité de peu de perfonnes, en fe rendant d'ailleurs obfcur, & inintelligible aux autres, qui font certes en bien plus grãd nombre.

Que fi les ignorants fe plaignent au contraire, que je me fers quelquesfois d'expreffions vn peu obfcures & difficiles, & qui femblent mefme fuppofer quelque cognoiffance de la Sphere, & des Mathematiques; Ie les fupplieray bien humblement de ne me pas rendre refponfable de leur incapacité & de leur peu de lumiere. I'ay tafché de m'abftenir autant que j'ay pû de ces mots de l'Art, qui peuvent faire quelque peine, & j'en ay fubftitué d'autres en leur place, qui m'ont parû plus aifez à entendre. Quoy qu'il foit pourtant impoffible qu'il ne s'en gliffe toûjours quelquesvns dans vne matiere femblable à celle que j'entreprends de traiter.

Pour ce qui eft des derniers qui font les demy-fçavãs, ils pourront trouver icy plus de fatisfaction que les autres.

Car ils y verront, com me je crois, vn abregé de tout ce qui fe peut dire fur la matiere des Cometes: ils apprendront les principales opinions des Auteurs tant anciens que modernes; & n'apportant aucune préoccupation, ils pourront aifément juger eux mefmes qui a le plus approché du vray-femblable. Et certes en matiere de Philofophie il ne faut point pezer les fentiments par l'autorité de ceux qui les deffendent. Platon, Ariftote, Démocrite, Epicure, & M. Defcartes eftoient des hommes comme les autres; & puis qu'ils ne fe font point voulu gefner eux mefmes à fuivre les opinions de ceux qui les avoient precedé: nous ne les imiterions guere, fi nous voulions nous impofer le joug d'embraffer leurs fentiments en toute forte de rencontres. Il faut donc feulement examiner les raifons fur lefquelles ils fe fondent; & ainfi nous deviendrons les juges de ceux qui veulent dominer fur nos

AVIS AV LECTEVR.

esprits ; nous serons les arbitres de la victoire ; & parmy tant de disputes, nous serons peut-estre assez heureux de trouver la verité, si nous n'avons pas d'autre passion , que celle de la connoistre, de l'embrasser, & de la suivre.

DISCOVRS

DISCOVRS

SVR

LES COMETES.

A F I N que ceux qui se dõneront la peine de lire ce petit discours, me puissét suivre avec quelque methode dás tout ce que j'ay à dire sur le suiet des Cometes, je crois qu'il sera fort à propos de diviser mon traité en sept Chapitres. Dans le premier desquels je parleray des Cometes en general, & des observations considerables que

A

l'on a faites de la derniere Comete, qui nous a paru en 1664. & 1665.

Dans le fecond, j'examineray le fentiment d'Ariftote & de fes fectateurs, qui veulent que les Cometes ne foient compofées que d'exhalaifons purement tereftres.

Dans le troifiéme, je rapporteray l'opinion nouvelle d'vn fameux Profeffeur de Mathematique, qui foûtient que les Cometes s'engendrent des fueurs & des exhalaifons de toute la Sphere élementaire.

Dans le quatriéme, j'expliqueray l'opinion d'vn autre Mathematicien, qui s'approchant fort de la penfée de Cardan veut que la Comete foit seulement quelque matiere celeste, qui est plus condensée qu'à l'ordinaire.

Dans le cinquiéme, je par-coureray toutes les subtilitez qu'employent Democrite & Anaxagore , pour soûtenir que les Cometes ne sont au-tre chose que des amas d'une tres grande quantité de peti-tes Estoilles errantes.

Dans le sixiéme , j'établi-ray l'opinion de quelques Ma-thematiciens modernes , les-quels suivant les principes de Monsieur Descartes veulent que la Comete ne soit qu'une Estoille ordinaire couverte seulement de quelque nüage espais , qui luy dérobant sa propre lumiere, la rende capa-

A ij

ble de reflechir celle du Soleil.

Et enfin pour conclure ce difcours je parleray dans le dernier Chapitre des effets bons ou mauuais que nous devons craindre ou efperer de ce nouueau Phœnomene.

CHAPITRE I.

Des Cometes en general, & des obfervations confiderables que l'on a faites de la derniere qui nous a parû en 1664. & 1665.

LE nom de Comete vient du mot latin *Coma*, ou plûtoft du Grec *κόμη* qui fignifie *Cheuelure*, par ce que le plus fouvent l'on remarque une efpece de chevelure autour des Cometes ; quoy que pourtant il soit vray que les Cometes paroissent en trois differentes maniere : à sçavoir , tantost avec une queüe , tantost avec une barbe , & aussi fort souvent avec une chevelure.

L'on appelle Comete à queüe celle qui se mouvant vers quelque endroit, semble traisner après soy comme une longue flâme. L'on prend pour une Comete barbuë celle qui dans son mouvement est devancée de cette mesme flâme. Et enfin l'on appelle chevelüe celle qui n'est devancée ny suiuie de cette longue traisnée, mais qui est toute enuironnée de plusieurs rayons.

A iij

C'eft pourquoy quelques-uns luy donnent en cét eftat le nom de rofe, parce qu'elle en a la figure.

La Comete qui felon les obfervations d'Hollande a paru depuis le fecond jour de Decembre 1664. jufques à la fin de Ianvier 1665. a eu ces trois differents afpects. Car d'abord elle paroiffoit avec une barbe, quelques jours apres on la vit avec une chevelure ou en forme de rofe, & fur la fin on l'apperçeut avec une longue queuë.

Son mouvement a auffi paru fort furprenant, car outre qu'elle a femblé avoir, comme toutes les Eftoilles, un mouvement journalier qui fe fait

chaque jour autour de la terre
d'Orient en Occident , elle en
avoit un autre particulier , par
lequel elle se mouuoit encore
d'Orient en Occident ; au lieu
que toutes les Estoilles se
meuvent par leur mouvement
propre d'Occident en Orient.
Et par ce dernier mouvement
on l'a veu parcourir la moitié
du Ciel , c'est à dire environ
cent cinquãte degrez en moins
de deux mois , & avec tant
d'inegalité apparente que sur
le commencement & sur la fin
de son apparition , elle ne
sembloit faire qu'un, ou deux,
ou trois degrez par jour , &
dans le milieu elle a deu en
faire jusques a treize où quatorze.

A iiij

L'heure de son lever a esté
aussi differente, car au commencement de son apparition
elle se levoit sur les trois heures apres minuit, du costé de
l'Orient, & s'estant toûjours
du depuis avancée vers lOc-
cident, elle s'est levée a la fin
sur les six heures du soir.

Et ce qui est le plus digne
de remarque, est que parmy
tous ces differents changemens de temps, de lieu, &
de mouvement, la matiere
que l'on nomme queüe ou
barbe a toûjours esté directement opposée au Soleil, c'est
à dire plus esloignée du Soleil
que la Comete mesme, (ce
qui a fait dire a quelques-vns
que le Soleil chassoit par sa

lumiere la queüe de la Comete le plus loin qu'il pou-
uoit) de forte que comme la
Comete au commencement
de son apparition, se levoit au
matin sur nostre horison deux
ou trois heures avant le Soleil, c'est à dire lors que le Soleil estoit dans la partie Orientale, sa qneüe regardoit l'Occident dans la mesme ligne
que le Soleil, parce que c'e-
stoit la partie la plus esloignée
& la plus opposée au Soleil, &
on l'apelloit pour lors Comete barbüe. Mais comme sur la
fin elle a commencé de se lever envirõ sur les six heures du
soir du costé de l'Occident, &
que la partie la plus opposée
au Soleil estoit vers l'Orient,

fa queüe a paru tournée de ce
dernier cofté, & pour lors on
la nommoit Comete a queüe.
Enfin lors que dans le milieu
de fon cours elle s'eft trouuée
en oppofition avec le Soleil,
c'eft à dire perpendiculairement au deffus du Soleil,
comme il n'y avoit pas de raifon pourquoy la queüe fut
pluftoft d'vn cofté que de l'autre, elle ne paroiffoit en avoir
aucune dans les pays ou le
temps eftoit quelque peu
chargé, comme aux environs
de Paris, cependant qu'en
d'autres lieux ou l'air fembloit plus clair & plus fe-
rein, on découvroit autour
d'elle comme plufieurs petits
rayons blanchaftres, qui luy

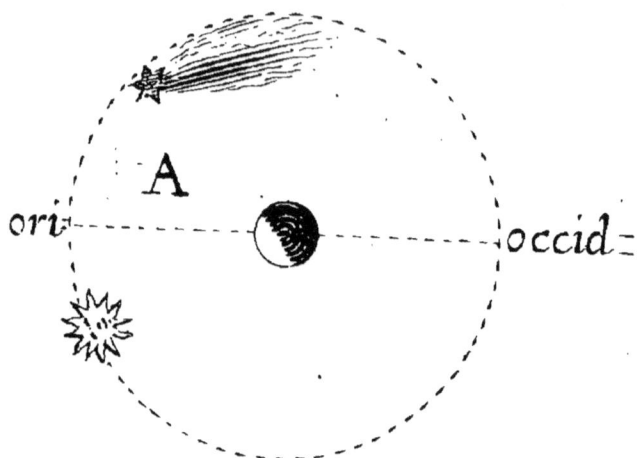

ori - occid

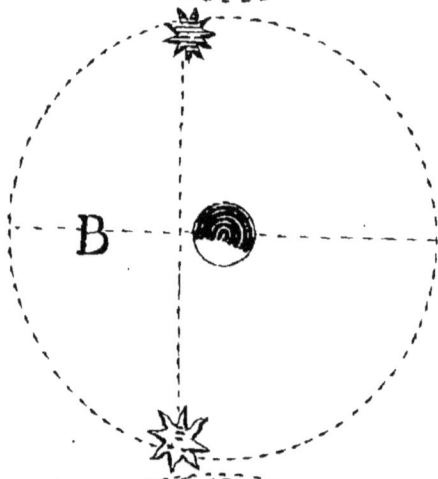

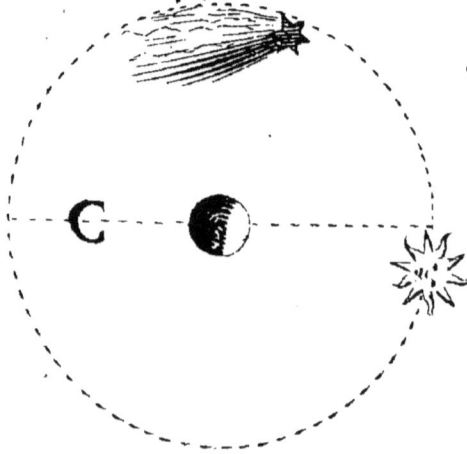

faiſoient donner le nom de roſe ou de Comete chevcluë.

Il ſera bon de conſiderer içy la figure ſuivante, ou elle eſt repreſentée en ces trois manieres differentes. A. eſt la forme qu'elle a eu depuis le 2. Decembre juſques au 29. B. l'a fait voir comme elle paroiſſoit au jour de ſon oppoſition qui fut le 29. Decembre. & C. la repreſente comme on la veuë pendant tout le mois de Ianvier.

Pour ce qui eſt de ſon eſloignement de la terre, il n'a pas toûjours eſté le meſme : car depuis qu'elle fût découverte au commencement de Decembre, elle approcha toûjours de la terre juſques a la fin de ce mesme mois, & apres s'estre fait voir beaucoup plus grande qu'à l'ordinaire, elle a diminué pendant tout le mois de Ianvier, & s'est éloignée de la terre jusques à ce que nous l'ayons entierement perduë de veuë. Les deux points de son esloignement s'appellent ses Apogées, & le point du milieu ou elle a esté plus proche de la terre, se prend pour son Perigée. Voyla à peu prés le fait qui a excité l'admiration de tant de personnes & qui est le sujet de ce present discours.

Que si l'admiration peut-estre considerée comme la source & le premier principe de la Philosophie, en tant que

que les hommes s'occupent
à rechercher la cause des effets qui leur paroissent surprenants, on pourroit icy dire
que la Comete a fait quantité
de Philosophes, parce qu'elle en a excité plusieurs à s'in-
struire de ce qu'il falloit répondre, pour satisfaire à toutes les questions differentes
qu'on pouvoit faire sur un sujet de cette nature. Car les
uns ont demandé de quelle
matiere estoit composée la
Comete, & d'où luy prove-
noit cette couleur & cette figure : d'autres se sont infor-
mez du lieu & de la distance
où elle pouvoit estre : d'autres
ont voulu sçavoir pourquoy
son mouvement estoit si iné-

gal , pourquoy sa queüe chan-
geoit si souvent de place , & x
pourquoy sa grandeur nous
paroissoit si differente : & enfin plusieurs se sont mis davantage en peine des effets
que l'on devoit esperer ou
craindre de ce nouveau Phœnomene qui paroissoit au Ciel.

Comme cette occasion m'a
fait appliquer aussi bien que
beaucoup d'autres à l'estude
de ces sortes de questions,
je prend la liberté d'exposer
au public , les divers sentimens des Autheurs qui se
sont principalement signalez
sur cette matiere , afin que
chacun s'attache à ce qui
luy plaira davantage. Car
chacun à son goust particu-

lier, & ce qui plaiſt aux vns
n'agrée pas bien ſouvent aux
autres.

CHAPITRE II.

Sentimens d'Ariſtote, & de ſes
Sectateurs touchant les
Cometes.

LES Sectateurs d'Ariſtote,
font remarquer d'abord,
la difference qu'il y a entre
des vapeurs & des exhalaiſons, qui conſiſte en ce que
les vapeurs eſtant formées
d'eau ſeulement, elles ne ſont
point ſujettes à eſtre enflammées, & ne ſe réſoudent qu'en
nuées, pluye, greſle, où

B ij

neige : au lieu que les exhalaifons fe formans d'un fuc
gluant & vifqueux qui s'ex-
prime des corps terreftres,
elles peuvent s'enflammer facilement , & fe changer en
éclairs, foudres, tonnerres, &
autres meteores de feu.

Suppofant cette remarque,
il n'eft pas difficile d'entendre ce que veulent dire Ariftote & fes Sectateurs , lors
qu'ils fouftiennent que la Comete eft formée de plufieurs
exhalaifons de la terre , lefquelles font enlevées par la
chaleur du Soleil dans la region fuperieure de l'air , &
qui eftāt une fois enflammées
par un bout , paroiffent à noftre afpect comme une nou-

velle estoille qui doit avoir un mouvement tout particulier, & different des veritables estoilles.

Suivant cette notion de Comete , ces Philosophes tâchent de nous rendre raison de toutes ses proprietez, Car premierement pour ce qui est de la queüe , la barbe , ou la chevelure , ils disent que ce sont les exhalaisons non encore enflammées , lesquelles estant éclairées par celles qui ont pris feu , sont renduës visibles & éclatantes à nôtre égard , de mesme qu'un flambeau dans l'obscurité de la nuit rend par reflexion un arbre visible qui autrement ne pourroit estre veu.

B iij

Pour ce qui regarde le lieu où paroiſſent les Cometes, ils ne mettent pas ſeulement en queſtion s'il eſt au deſſus de la Sphere élementaire. Car il ſeroit contre la raiſon de vouloir qu'une matiere terreſtre, comme eſt l'exhalaiſon, pût penetrer la ſubſtance des Cieux, & ſe faire un chemin tres libre au travers des corps qu'ils diſent eſtre plus ſolides & plus durs que ne ſont le cuivre & le diamant. Ils examinent ſeulement en quelle partie de l'air la Comete peut ſe rencontrer, & diviſant l'air en trois regions, dont l'vne s'appelle la baſſe que nous habitons ; l'autre la moyenne qui eſt audeſſus ;

& la superieure qui est la plus
élevée : ils placent la Comete
dans cette derniere , parce
qu'autrement ils ne pour-
roient pas expliquer le mouvement journalier , par lequel les Cometes comme
tous les corps celestes tournent au tour de la terre en
vingt-quatre heures , puisque
nous n'experimentons point
un pareil mouvement ny dans
la basse region de l'air , ny
dans la moyenne , qui n'ex-
cede pas les plus hautes mon-
tagnes.

Voicy maintenant comme
ces Philosophes expliquent
le mouvement des Cometes.
Pour ce qui est du journalier
qui se fait en 24. heures au-

tour de la terre d'Orient en
Occident, ils difent que toute la machine celefte ayant ce
mouvement, elle l'imprime
facilement à la region fuperieure de l'air, qui luy eft proche, & ainfi emporte avec
foy la Comete qui s'y rencontre.

Et quant au mouvement
particulier qui nous paroift
dans les Cometes, les Peripateticiens veulent qu'il ne
foit qu'apparent, & qu'il de-
pende entierement de la difpofition des exhalaifons dans
l'air : De maniere que fi les
exhalaifons font difpofées du
Levant au Couchant & que
le feu s'allume d'abord du cofté du Levant, cette flâme

ou cette Comete paroiftra fe mouvoir vers l'Occident ; comme au contraire s'il s'allumoit d'abord vers l'Occident, la Comete paroiftroit fe mouvoir vers l'Orient. De mefme que fi nous difpofions une longue traifnée de poudre à canon depuis Paris jufques à Troyes , & qu'on y mit le feu à Paris, une mefme flâme fembleroit de loin fe mouvoir vers Troyes , quoy qu'à la verité il y euft autant de flâmes differentes comme il y auroit de grains de poudre.

Si l'on veut fçavoir quelque chofe de la durée des Cometes, ils la font dépendre entierement de la qualité & de la quantité des exhalaifons.

Car si ces exhalaisons sont fort seches & en petite quantité, la Comete sera de peu de durée : si les exhalaisons ne sont pas si seches , mais plus gluantes & en plus grande quantité , la Comete durera davantage.

Ils déterminent mesme selon leurs principes le temps & la saison , dans laquelle doivent paroistre les Cometes , en disant que ce doit estre pour l'ordinaire dans un automne fort sec. Ils choisissent l'Automne parce que la trop grande chaleur de l'Esté dissiperoit les exhalaisons au lieu de les amasser ensemble , & la trop grande froidure de l'Hyver n'auroit pas la force de les élever si haut. Ils choisissent aussi une saison fort seche , parce , disent-ils, que ces exhalaisons ne peuvent se détacher de la terre pour aller composer une Comete , qu'ils n'ayent cau-sé long-temps auparavant une grande secheresse , car estant seches & chaudes & montant avec impetuosité , elles con-sument tout ce qu'il y a d'hu-mide dans l'air , & dissipent toutes les vapeurs qui se pourroiét cóvertir en pluyes, & qui arroseroient par conse-quent la terre.

Enfin, pour ce qui est des effets que doit avoir la Co-mete , ces Philosophes ne nous en promettent point de

favorables. Car pofé leur
principe , ils conclüent fort
bien que l'air fera tout cor-
rompu , que l'année fera fe-
che , & par confequent que
la terre fera fort fterile , puis
qu'ayant fourny une fi grande
quantité d'exhalaifons qu'il en
faut pour une Comete , elle
doit demeurer deftituée de
cette humeur vifqueufe , qui
la rend graffe & feconde.

De cette fechereffe & in-
temperie de l'air, ils veulent
auffi que s'enfuivent des révo-
lutions dans les humeurs du
corps humain & des émotions
de bile qui portent les efprits
aux changemens , aux querelles , & à la guerre. A quoy
ils adjouftent des prefages de
la

la mort des grands Seigneurs,
parce que s'il y a des hommes
capables d'eſtre alterés dans
leur ſanté , par la corruption
de l'air , ce ſont principalement ceux qui ſont moins ro-
buſtes,& qui ſont élevez d'vne
maniere plus delicate.Ou bien
(comme a dit un de ces Philoſophes , qui vouloit à quelque prix que ce fuſt faire paſ-
ſer la doctrine de ſon Maiſtre)
parce que l'air ſuperieur eſtant
tout a fait corrompû , les oy-
ſeaux qui y voltigent en ſont
leur principale nourriture, &
le convertiſſant en leur propre
ſubſtance , ils deviennent un
poiſon funeſte pour ceux qui
en mangent le plus ſouuent,
comme font ordinairement

C

les grands Seigneurs.

Ie ne veux pas m'arrester
à parcourir plusieurs autres
resveries, que ces Philosophes
tirent de leurs principes. Il
faut pourtant que la derniere
Comete qui est arrivée dans
un hyver tres rigoureux , &
qui a esté precedée d'une année fort humide , & aussi plu-
vieuse qu'on en ayt veu depuis long-temps , nous serve
de preuve pour faire voir à
tout le monde que des principes d'Aristote , non seulement on ne sçauroit presque
tirer aucune belle verité de
pratique (comme d'illustres
Philosophes le font tous les
jours aoüer dans les confe-
rences qu'ils font à Paris.)

mais qu'au contraire ce font
bien fouvent autant de four-
ces fecondes en erreurs & en
fauffetez ; & ainfi la Comete
que fes Sectateurs prouvent
devoir eftre funefte à tant de
perfonnes, ne le fera que pour
eux-mefmes & pour leur doctrine.

Car que trouvera - t'on
de vray dans tout ce qu'ils
nous ont rapporté cy-deffus ?
1. Eft-il vray femblable que
la Terre qui n'eft qu'vn poinct
en comparaifon du Ciel, puiffe fournir des exhalaifons en
affez grande quantité pour
occuper plus de la moitié du
Ciel (comme a fait la derniere Comete) & pour entre-
tenir une flamme pendant l'ef-

C ij

pace de fix mois, comme les Hiftoriens nous affurent d'une Comete qui parut du témps de l'Empereur Neron?

2. Si la quëüe des Cometes fe formoit, comme difent les Peripateticiens, des exhalaifons non encore enflammées, qui receuffent la lumiere de éelles qui ont pris feu, il s'enfuivroit que la quëüe d'une Comete auroit toûjours la mefme difpofition dans le Ciel, & feroit toûjours tournée vers le mefme endroit. Ce qui eft pourtant contre toute expérience, & contre les obfervations de tous les Mathematiciens, qui ont remarqué que la tefte & la quëüe des Cometes font toû-

jours dans la mefme ligne,
& dans le mefme cercle que
le Soleil , & fe tournent à
proportion que le Soleil change de place. De maniere que
fi le Soleil eft à l'Orient , la
queüe de la Comete regarde
l'Occident , & fi le Soleil
avance de l'Orient vers le Midy , la queüe à proportion
tourne de l'Occident vers le
Septentrion, comme plufieurs
Aftronomes l'ont remarqué à
l'occafion des Cometes qui
ont precedé celle-cy , & comme nous nous en fommes encore affurez par les obfervations de cette derniere , qui
d'abord avoit la queüe tournée vers l'Occident , parce
qu'elle fe levoit au matin pen-

dant que le Soleil eſtoit à l'O-
rient , & puis apres elle s'eſt
tournée du coſté de l'Orient
quand elle a commencé de ſe
lever ſur le ſoir , lors que le
Soleil eſtoit à l'Occident.
Ainſi que nous l'avons repre-
ſenté dans la figure precedente.

　3. C'eſt une erreur fort groſ-
ſiére de déterminer la ſuperieure region de l'air pour le
lieu des Cometes , car ſi elles ſe rencontroient au deſ-
ſous de la Lune , ſans doute
qu'en les regardant avec de
bonnes lunetes d'approche,el-
les nous paroiſtroient beaucoup plus grandes qu'elles ne
nous paroiſſent ſans ces lunetes. De meſme que la Lu-

ne à cause de sa proximité
nous semble bien augmenter
sa grandeur , lors que nous
la regardons avec ces mesmes lunetes , au lieu que Saturne pour estre trop éloigné
de la terre , ne nous paroist
pas notablement plus grand
dans une maniere que dans
l'autre. Or l'experience a fait
voir à ceux qui ont voulu ob-
server la derniere Comete ,
qu'en la regardant auec de tres
bonne lunetes , elle ne chan-
geoit pas sensiblement de
grandeur ; & par consequent
l'on a esté contraint d'avoüer
qu'elle estoit beaucoup plus
élevée que la Lune. On peut
adjoûter que jusques à present les Astronomes n'ont ja-

C iiij

mais remarqué qu'une Co-
mete ait esté eclipsée par l'om-
bre de la terre , comme la
Lune l'est assez souvent , &
cependant si la Comete estoit
plus proche de la terre que
n'est la Lune , il est évident
qu'elle devroit s'éclipser bien
plus souvent & bien plus facilement que la Lune. Mais
pour ne point s'arrester à plusieurs autres raisons Physi-
ques , qui font voir la fausse-
té de cette opinion , il suffira
de s'en rapporter aux Mathematiques , puis qu'il s'agit de
mesure & de distance. Or si
quelque personne intelligen-
te dans cette science veut me-
surer par les instrumens A-
stronomiques à quelle distan-

ce les Cometes font de la terre, il trouvera quelles font beaucoup plus éloignées que ne font la Lune & le Soleil. Celle qui paroist maintenant est la sixiéme, dans laquelle on a confirmé cette verité. De sorte que d'en douter, c'est démentir toute experience dans une chose de fait, & de laquelle tous les Astronomes ne disputent plus.

On sçait, pour peu de teinture que l'on ait des Mathematiques, ce que c'est que Paralaxe. Par exemple on envoye du lieu où l'on est sur la terre, une ligne visüelle à l'Astre dont on vëut découvrir l'éloignement ; on conçoit une autre ligne droite, qui

foit tirée du centre de la terre
à ce mefme Aftre , & enfin
une autre ligne qui vienne
du centre de la terre au point
où nous fommes placez. Ces
trois lignes enfemble font un
triangle , dans lequel on con-
noift affez de chofes pour parvenir à la connoiffance de
l'angle fuperieur , qui eft fait
par les deux lignes qui vont
fe joindre à l'Aftre que l'on
mefure , & felon que cét angle eft grand où petit , on dit
que cét aftre a plus où moins
de paralaxe. Ainfi lors que
la Lune fe leve fur nôtre horizon , on trouve quelle a 63.
minutes de paralaxe , & le Soleil qui eft plus éloigné , n'en
a que deux minutes lors qu'il

se leve auſſi ſur nôtre hori-
ſon, car quand il devient ver-
tical, il eſt tellement éloigné
qu'il n'a plus de paralaxe ſenſible. Or de tres habiles A-
ſtronomes qui ont voulu me-
ſurer la diſtance des Cometes, ny ont trouvé aucun paralaxe ſur leurs inſtrumens
Aſtronomiques, & par con-
ſequent ſont tous demeurez
d'accord que les Cometes
eſtoient plus éloignées de la
terre que n'eſt la Lune & le
Soleil meſme.

Cela ſuppoſé, il ſeroit maintenant inutile de perdre le
temps à refuter toutes les
autres abſurditez, que tirent les Sectateurs d'Ariſtote touchant le mouvement,

la durée , & les effets funeſtes
des Cometes. Car puiſque
toute leur doctrine roulle ſur
ce principe , que les Cometes s'engendrent d'exhalaiſons
dans la ſuperieure region de
l'air , nous avons ruiné toutes les conſequences qui s'en
peuvent tirer l'ayant convain-
cu de fauſſeté. Outre que
l'occaſion reviendra de parler
des effets , qu'elles preſagent,
ſur la fin de ce diſcours. Ne
tenons donc plus les Cometes pour des corps terreſtres,
& paſſons à d'autres opinions,
qui ſemblent eſtre preſentement plus en vogue.

Il faut remarquer que celles dont nous allons parler,
conviennent toutes en ce
qu'elles

qu'elles foûtiennent les Cometes au deſſus de la Sphere
élementaire , & qu'elles ad-
mettent par conſequent la li-
quidité des Cieux. Car il ſeroit impoſſible d'expliquer les
differents mouvements des
Cometes dans les Cieux, ſi
on les foûtenoit ſolides. Auſſi
tous les Mathematiciens ſont
bien maintenant d'accord, que
le ſentiment d'Ariſtote touchant la ſolidité des Cieux ,
ne peut plus ſe deffendre
apres les nouvelles obſerva-
tions que l'on a faites dans
ces derniers temps. C'eſt
pourquoy il ne faut pas s'é-
tonner , ſi dans cette celebre
conference qui ſe fit , il y a
quelque temps au College de

D

Clermont , en prefence de
Monfieur le Prince , où le
champ eftoit ouvert. à tous
ceux qui vouloient parler fur
le fujet des Cometes, il ne fe
trouva pas un Philofophe qui
ofaft feulement propofer le
fentiment d'Ariftote. On n'y
examina que les quatre opinions fuivantes , qui furent
propofées par quatre differents Mathematiciens , ainfi
que le remarque Monfieur de
Hedouville dans fon journal
des fçavans du 26. Ianvier ,
où il nous donne un racourcy
admirable de tout ce qui fe
paffa dans cette conference.

CHAPITRE III.

*Sentiment d'un Profeſſeur de Ma-
thematique , touchant les
Cometes.*

VN celebre Mathemati-
cien, ayant peine à ſe dé-
faire des exhalaiſons d'Ariſtote & connoiſſant d'ailleurs
toutes les abſurditez qui s'en-
ſuivent dans cette opinion,
s'eſt aviſé dexpliquer l'apparition des Cometes d'une maniere fort nouvelle.

Car il ſuppoſe le ſyſteme
de Copernique , qui met le
Soleil immobile au centre du
monde , pendant que la terre

comme une planete tourne
autour de luy pour en recevoir la lumiere & les influences qui luy font neceffaires.

Cet Autheur appelle Sphere
élementaire le compofé de
terre, d'eaue, d'air, & de feu,
dont la terre eft comme le
noyau. Et tout de mefme que
dans le fentiment d'Ariftote,
il s'éleve de ce noyau ou de
cette terre, des fueurs & des
exhalaifons, qui montant à la
fuperieure region de l'air y
forment les efclairs, les ton-
neres & tous les meteores de
feu : il veut auffi que de toute la Sphere elementaire il
s'éleve pareillemét des fueurs,
& des fumées feches & chaudes, lefquelles fe trouvent

quelquesfois en ſi grande quantité, qu'elles occupent la moitié du Ciel; puis elles s'en-flamment de telle ſorte, que le feu courant d'un bout à l'autre en conſumant cette traiſnée, ſemble ſe mouvoir d'un mouvement qu'on ap-pelle propre. Ainſi dans ce ſentiment, le mouvement propre des Cometes ſe fait ſuivant la diſpoſition de ces exhalaiſons, comme nous avons expliqué en rapportant l'opinion d'Ariſtote, & pour ce qui eſt du mouvement jour-nalier, il n'eſt pas dans la Comete, mais dans la terre qui tourne à l'entour de ſon axe en 24. heures.

Les effets de la Comete

font à craindre dans ce fentiment, auffi bien que dans
celuy d'Ariftote. Car la fumée de ces exhalaifons enflammées venant à fe broüil-
ler avec nôtre air, elle pourroit y caufer quelque alteration, & nous procurer par confequent quelques maladies
contagieufes.

Quoy que cette opinion
femble d'abord plus raifonnable que celle d'Ariftote,
en ce qu'elle détermine le lieu
des Cometes bien plus haut
que la Lune, ou comme dit
l'Autheur à environ 150000.
lieuës de la terre : neantmoins
fi on l'examine de pres, on y
trouvera prefques tous les
mefmes inconveniens.

Car premierement il eſt aſſez difficile d'expliquer comment ſe produiſent les ſueürs
de tout le ſyſtême elementaire , & comment elles ſe
vont placer dans le Ciel , pour
y eſtre enflammées. On ſçait
bien par experience qu'il y en
ſort de la terre qui eſtant fort
viſqueuſes & ſulphurées, ſer-
vent de matiere à tous les
meteores de feu : mais qu'il
en ſorte de ſemblables des autres elemens, c'eſt ce que l'on
n'a pas encore experimenté. Et
en effet les vapeurs qui s'éle-
vẽt de l'eaue ne ſont point une
matiere capable d'eſtre enflã-
mée; l'air n'eſt point remply de
fumée ou de ſueurs, qu'autant
qu'il en reçoit de l'eaue ou de

la terre ; & le feu bien loin
d'en poulfer, les diffipe toutes. C'eft pourquoy pour expliquer cette nouvelle opinion, il faudroit neceffaire-
ment retomber dans l'opinion
d'Ariftote, qui veut que la
matiere des Cometes ne pro-
vienne que des exhalaifons
terreftres ; & leur donner feulement une force & une vi-
gueur plus grande que ne leur
a donné Ariftote, afin de les
faire monter plus haut que
luy, c'eft à dire jufques dans
les Cieux. Mais il y a danger
d'un autre cofté qu'en les faifant monter fi haut, la terre
ne foit pas capable d'en fournir la quantité qu'il en faudroit pour occuper quelques-

fois la moitié du Ciel. Car ce Copernicien les met à une hauteur du Ciel, ou un dé-gré vaut 3000. lieües ; & par consequent la derniere Co-mete ayant paru parcourir plus de 150. degrez, il faudroit qu'il y euft eu une traifnée d'exhalaifons plus de 450000. lieües. Ce qui eft hors de tou-te vrayfemblance.

2. Pour expliquer la diffe-rente figure des Cometes, c'eft une nouvelle difficulté. Car que la queüe ait varié de fituation, & fe foit tournée de differents côtez, c'eft ce que l'on aura peine à accor-der, avec cette nouvelle opi-nion des exhalaifons elemen-taires.

3. Si vous demandez pourquoy ce feu en côfumant l'exhalaiſon a paru monter d'abord vers le Mìdy , puis décliner vers le Septentrion , en avançant neantmoins toujours d'Orient en Occident : pourquoy d'abord ſon mouvement eſtoit lent , c'eſt à dire d'environ deux degrez en 14. heures , par apres beaucoup plus viſte comme de 14. degrez , & ſur la fin ralenty comme au commencement ; c'eſt ſans doute un éceuil pour cette opinion , & ce qui a porté l'Autheur a penſer qu'il y avoit paru deux Cometes differentes , l'une au mois de Decembre , & l'autre en Ianvier , dont la premiere avoit

la queüe tournée vers l'Occident, & la derniere vers l'O-
rient, avec des mouvements
neantmoins presques égaux,
faisant faire environ deux degrez à la derniere, aussi bien
qu'à la premiere de sorte
qu'au lieu d'expliquer comment la Comete a pû au milieu de son cours precipiter
son mouvement d'une difference si considerable qu'il y a
de deux degrez à 14. il dit que
pendant ce temps-là il n'y
avoit point de Comete au
Ciel, & le dit avec d'autant
plus d'assurâce, que les broüil-
lards nous ayant caché les
Estoiles sept jours entiers,
nous n'avons pû discerner
dans nostre contrée s'il y en

avoit ou non. Mais j'ay déja
appris par des relations en-
voyées de Provence , qu'on
avoit veu la Comete au Ciel,
pendant le temps mefme auquel elle ne nous paroiffoit pas
à Paris. Ce qui ruine entierement la conjecture de cet
Autheur. Et pour ce qui eft
de la raifon fur laquelle il fe
fonde, lors qu'il dit qu'il eft
contre toute loy de nature &
de Mechanique , qu'vn mefme corps ait un mouvement
fort precipité dans le milieu
de fon cours , & qui foit neantmoins tres lent dans fon commencement & dans fa fin ; ce
n'eft pas icy le lieu d'y répondre, il faut attendre que nous
expliquions le mouvement
des

des Cometes suivant le sentiment de Monsieur Descartes;
& pour lors nous ferons voir
que l'Autheur de cette opinion que nous examinons presentement, a pris vne pure
apparence pour vne verité tres
constante.

4. Les Ephemerides que trois
celebres Mathematiciens ont
mis au iour dés le mois de
Decembre, renversent tout a
fait cette opinion; car elles
font voir que le chemin que
doivent tenir les Cometes, est
aussi regulier que leur mouvement, & que si l'on peut
tracer ce chemin sur le globe
dés les premiers iours de leur
apparition, on peut aussi à
mesme temps supputer les

E

degrez de leur mouvement.
Or les exhalaisons se pouuant
placer indifferamment dans
le Ciel, on ne pourroit pas
prévoir quel chemin devroit
tenir le feu qui les consume,
dés qu'elles seroient allumées
par vn bout. Il seroit pareillement impossible de prévoir
quand ce feu devroit precipiter, ou r'alentir son mouvement.

Ie laisse plusieurs autres objections que l'on peut faire
contre cette opinion. Aussi
l'Autheur ne nous la propose
t'il pas comme vne verité,
mais comme vne vision qui
dit luy estre venuë, & qu'il
appuyera peut-estre dans la
suite.

CHAPITRE IV.

*Sentiment de Cardan soûtenu
par un Mathematicien.*

VN autre Mathematicien
voyant les inconveniens
& la difficulté qu'il y a de
faire monter des exhalaisons
elementaires dans les Cieux,
s'est persuadé qu'il pourroit
composer vne Comete à bien
moins de frais & s'appro-
chant fort de l'opinion de
Cardan, il ne veut point d'autre matiere que celle des
Cieux mesmes. Il expliqua
cette opinion à l'occasion de
la fameuse Comete qui parut

E ij

en 1618. & l'a renouvelée à l'occasion de celle qui nous vient de paroistre.

Ce Philosophe soustient donc, que la Comete n'est autre chose que quelques parties du Ciel, qui sont fort condensées par l'action du Soleil, ou de quelque autre Astre ; & que cette matiere devenant par consequent opaque, la lumiere du Soleil ne passe plus à travers comme auparavant, lors qu'elle estoit plus rare & transparente, mais elle se refléchit sur la terre; comme nous voyons que la mesme lumiere tombant sur le corps opaque de la Lune s'y refléchit, & nous la rend visible.

Pour expliquer la teſte &
la queüe des Cometes, il conjecture que de tous les rayons
du Soleil qui parviennent à
cette matiere condenſée, les
vns ſont refléchis & les autres
ſont rompus. Ceux qui par
reflexion retombent ſur la
terre, ſont la teſte de la Comete ; & ceux qui par refraction
ſe iettent à coſté, forment ſa
barbe ou ſa queüe.

Quant au mouvement pro-
pre des Cometes, il veut
qu'il ſoit different ſelon les
differents Aſtres qu'elles ſuivent, & que leur durée dé-
pende entierement d'iceux,
ſoit que ces premiers Aſtres
ceſſent d'agir comme auparavant, ſoit que d'autres par

une action contraire inter-
rompent leur cours.

Cette opinion formant la
tefte des Cometes par la reflexion de la lumiere du Soleil dit quelque chofe de
vray, mais quant au refte elle
fait naiftre quantité de difficultez, & ne fatisfait pas entierement. Car de dire qu'vne
matiere celefte, rare, & tranf-
parente devienne tout à coup
opaque & condenfée par l'a-
ction de quelques Aftres, fans
en apporter aucune preuve,
c'eft produire vn ouvrage de
l'imagination pluftot que de
la nature. D'avancer que cette matiere ainfi condenfée fe
diffipe, ou par la ceffation de
l'action des Aftres qui l'ont

condenſée, ou par l'action
contraire d'autres Aſtres; c'eſt
ce qu'on appelle purement
donner à deuiner. Enfin ſou-
ſtenir que le mouvement propre de cette matiere vient
de ce qu'elle ſuit vn Aſtre,
avec lequel elle a quelque
ſympathie, & ne point expliquer la cauſe phyſique de ce
mouvement, ce n'eſt point
ſatisfaire la curioſité de pluſieurs perſonnes raiſonnables,
qui ne comprenant point ce
que l'on entend par vertus
occultes, attractives, & ſym-
pathiques, ne croyent pas que
l'on puiſſe expliquer claire-
ment le mouvement local de
quelque corps que ce ſoit, ſi
l'on ne découvre qu'elle en

est la cause physique & impulsive. En attendant donc que l'Autheur s'éclaircisse sur toutes ces difficultez, venons à vne autre opinion qu'vn de ses confreres luy a opposée.

CHAPITRE V.

Sentiment de Democrite & d'A-
naxagore souftenu depuis peu
dans des Thefes publiques
au College de Clermont.

CEtte opinion eft fort ancienne, puis qu'Ariftote la refute dans ſes Livres des Meteores, comme ayant efté fouftenuë par Democrite & par Anaxagore; & mefme felon toutes les apparences le grand Pytagore l'avoit enfeignée auparavant que ces deux Philofophes en euffent eu la penfée. C'eft pourquoy l'on auroit tort de croire que ce Profeffeur qui l'a propofée depuis quelques mois, voulut s'attribuer la gloire d'en eftre le premier Autheur; il n'a voulu fans doute qu'exercer les efprits des Mathematiciens, & donner des preuves de la fubtilité de fon genie, en fouftenant vne opinion qui fembloit efloignée de toute vray-femblance, & qui avoit efté rejettée par tous les plus excellents Philofophes.

Pour entendre cette opinion il faut fuppofer aupa-

ravant qu'il y ſa dans le
Ciel quantité de petites eſtoiles qui ne nous ſont pas vi-
ſibles à cauſe de leur peti-
teſſe , leſquelles ſe meuvent
par des mouvemens fort differents , & dont les vnes vont
vers le Septentrion, les autres vers le Midy , d'autres
vers l'Orient, & enfin d'autres vont vers l'Occident, les
vnes vont auſſi avec plus de
viteſſe & les autres plus lentement.

Cela ſuppoſé ces Mathema-
ticiens veulent que pluſieurs
de ces petites eſtoiles vienſét
de differents endroits s'aſſem-
bler enquelque poinct, & que
cheminant quelque temps en-
ſéble versvn même coſté, elles

composent quelque chose de
visible à nostre égard, qui doit
paroistre tant que ces estoiles
soient separées & esloignées
des vnes des autres. Ce qu'ils
tâchent de rendre sensible par
l'exemple des moucherons,
qui se joignans quelquefois
plusieurs ensemble font paroistre comme vn peloton noir
composé de parties que nous
ne pourrions pourtât apperce-
voir si elles estoient separées;
& ainsi ils avancent & voltigent quelque temps sans se
quitter.

Pour expliquer l'apparence
de la queüe des Cometes, ces
Philosophes disposent vne
partie de leur petites estoiles
fort proches les vnes des au-

tres, & vne autre partie dif-
perfée avec vn peu plus d'é-
loignement autour des premieres. De forte que fi ces
dernieres font attachées aux
premieres comme les bran-
ches d'vn arbre le font à leur
tronc, nous devons découvrir
vne Comete à queüe. Si elles
fe rencontrent à la partie in-
ferieure, nous devons voir
vne Comete barbuë. Et enfin
fi elles font répanduës tout
autour, ce doit eftre vne Comete cheuelüe qui nous doit
paroiftre.

Quant aux effets que nous
devons craindre ou efperer
des Cometes, ceux qui font
dans cette opinion ne deter-
minent rien d'affuré; & dans
la

la crainte qu'ils ont de se
tromper, ils disent seulement
en general qu'elle presage ce
qui arrivera. Car comme ils
veulent que de ces petites
estoiles errantes, il y en ayt
de favorables dont les influences soient bonnes , &
d'autres fatales dont les influences soient malignes : il
est impossible de sçavoir si la
Comete qui paroist , est composée de la premiere, ou de la
seconde espece, d'estoiles.
C'est pourquoy ils disent
qu'il faut attendre les differents evenements qui s'ensui-
vront, pour le deviner. Car
si nous sommes tourmentez
de guerre , de peste, ou de
famine ; sans doute la Co-

F

mete aura esté composée d'e-
stoiles fort malignes : & si au
contraire nous jouïssons d'vne
agreable paix , du bon air,
& de l'abondance ; la mesme
Comete aura esté composée
d'estoiles tres benignes.

Quoy que cette opinion
semble d'abord ne supposer
que peu de choses ; neantmoins quand on la veut expliquer au long, on y trouve
presques autant de supposi-
tions comme de questions,
& la vray-semblance s'y change souvent en contradiction.

Car en premier lieu , sans
m'arrester au rapport d'Aristote, qui remarque en refu-
tant cette opinion , que les
Egyptiens grands Specula-

...teurs des Astres observerent
...de son temps plusieurs estoi-
...les qui s'vnirent ensemble,
...sans neantmoins former au-
...cune Comete. Ie demande
...si cette hypothese peut passer
...pour vray-semblable , & s'il
...est concevable que plusieurs
...corps qui se meuvent iné-
...galement , & qui viennent
...de lieux differents s'assem-
...bler à un mesme poinct, de-
...meurent si long-temps sans
...se détacher , comme nous
...avons veu des Cometes du-
...rer l'espace de six mois. Il
...est bien vray que plusieurs
...lignes tirées de differents en-
...droits de la circonference doi-
...vent se rencontrer en quel-
...que poinct , qu'on appelle le

centre. Mais que ces lignes
eftant continuées, demeurent
long-temps fans fe feparer;
c'eft ce que perfonne ne fçau-
roit admettre. Ainfi on con-
cevra bien que plufieurs eftoiles errantes peuvent quelquesfois fe rencontrer en vn
mefme poinct : mais qu'elles
puiffent continüer leur mouvement durant l'efpace de fix
mois fans fe feparer, fuppofé
qu'elles foient venuës de differents endroits; c'eft ce que
perfonne ne peut compren-
dre, à moins que de fuppofer
quelque forte de glu qui les
tienne attachées les vnes auec
les autres ; ou d'avoir recours
à des intelligences, qui pre-
fident à chaque eftoile en par-

...ticulier , & qui foient bien-
...aifes de voyager en compa-
...gnie , comme s'advifa de ré-
...pondre le deffenfeur de cet-
...te opinion dans la noble con-
...ference dont nous avons par-
...lé cy-deffus.

En fecond lieu , ceux
qui pour mieux voir la Comete , fe font fervis de bonnes lunettes à longue veuë,
telles que nous en avons prefentement , devroient avoir
remarqué quelque chofe de
cette multitude d'eftoiles. Car
fi par ce moyen on s'eft é-
claircy de ce cercle blancha-
ftre qui paroift au Ciel, que
l'on appelle chemin de faint
Iacques, ou voye lactée, &
que l'on ayt reconnu que ce

E iij

qui avoit tant exercé les efprits des anciens , & mefme trompé Ariftote , n'eft autre chofe qu'vn amas de quantité de petites eftoiles , qui
ne font pas neantmoins vifibles fans lunettes à caufe de
leur petiteffe : pourquoy n'en
découvriroit-on pas la mefme chofe dans la Comete,qui
eft un corps bien plus vifible
& plus éclatant que n'eft ce
cercle ?

I'en dis de mefme de ces
quatre eftoiles qui font autour de Iupiter , & des deux
qui accompagnent Saturne,
lefquelles quoy que non ap-
parentes à noftre veuë , font
devenuës neantmoins vifibles
par le moyen des dernieres

lunettes que l'on a inuentées.
Car si la Comete estoit composée de ces sortes d'estoiles,
sans doute que l'on dévroit
en avoir découvert quelque
chose ; & lorsque la longueur
de sa queuë s'est augmentée
ou diminuée , on auroit pû
voir quelques bandes d'e-
stoiles s'approcher , ou s'es-
carter vers differents endroits.

3. Toutes les estoiles &
les planettes que nous co-
gnoissons , ont un mouve-
ment propre d'Occident en
Orient , outre le mouvement
journalier de 24. heures, qui
semble les porter d'Orient en
Occident. Or les Cometes
qui nous ont parû iusques à

prefent, ont eu leur mouvement propre d'Orient en Occident; comme nous l'avons
encore remarqué dans la derniere: & par confequent il faut
qu'il y ayt quelque difference
entre la Comete , & cet amas
d'eftoiles que fuppofent ces
Mathematiciens.

4. Les eftoiles eftant comme
autant de petits Soleils , elles
ne luifent pas d'une lumiere
qu'elles empruntent, comme
les planetes ; mais elles en
ont une qui leur eft propre,
& qui les rend étincelantes.
Or il eft tres-certain que les
Cometes n'ont de la lumiere, qu'autant qu'elles en re-
fléchiffent du Soleil, comme
il paroift par leur couleur &

par le changement qui arrive
à leur figure , à proportion
que le Soleil les regarde dif-
feremment : il ne faut donc
point croire que la Comete
soit composée d'estoiles, ainsi
que le pretendent ces Philosophes.

5. Comment peut-on
expliquer d'une maniere in-
telligible la direction de la
queüe des Cometes , qui
est neantmoins si regulie-
re , qu'elle suit toûsiours
la diversité des aspects du
Soleil , aussi bien dans une
Comete que dans l'autre. Car
supposé que le hazard eust
voulu en 1618. lors que le
Soleil estoit à l'Orient , que
les estoiles qui faisoient la

queüe de la Comete, se fussent trouuées dans la partie
opposée , c'est à dire vers
l'Occident ; & que lors que
le Soleil passa à l'Occident,
elles se fussent rencontrées
vers l'Orient. Est-il vray-
semblable que la mesme chose fut arriuée dans toutes les
autres Cometes , & specia-
lement dans cette derniere?
Et peut-on se payer de l'exemple que quelqu'vn apporta
des valets de pied, qui suivent quelquesfois le carros-
se d'vn Prince , d'autres fois
le precedent lors qu'il faut
porter le flambeau, & mesme
assez souvent se tiennent tout
autour des portieres ? Croi-
ra-t'on que des estoiles soient

de la mefme maniere foû-
mifes au caprice d'un Ma-
thematicien, & que leur mouvement foit tellement dans
fa difpofition, qu'il puiffe les
placer tantoft devant, tantoft
derriere , auffi fouvent , &
avec autant d'exactitude qu'il
le faudroit, afin que fon o-
pinion pût trouver quelque
forte de probabilité ? Ce
font auffi les difficultés qu'a-
voit bien preveües celuy qui
a voulu renouveler cette ancienne opinion. Car ayant peine d'accorder avec fon hypothefe toutès les differentes
variations, qui arrivent à la
queüe des Cometes fuivant
les diverfes pofitions du Soleil : il s'eft avifé de dire en

méme temps deux chofes cô-
tradictoires & toutes oppo-
fées, à fçavoir que ces petites eftoiles luifent d'une lumiere qui leur eft propre, &
neantmoins qu'elles reçoi-
vent la diverfité de leur figure par les rayons du Soleil; & ainfi il fe fert de l'v-
ne ou de l'autre réponce, felon les differentes objections
qu'on luy peut propofer.

6. Le mouvement de la
derniere Comete ayant efté
fi irregulier, que quelques
fois elle paroiffoit monter
vers le Midy, & par apres
décliner vers le Septentrion;
elle ne parcouroit au commencement de fon appari-
tion, qu'environ deux de-
grez

grez en 24. heures, par le mouvemét qu'elle avoit d'O-rient en Occident : fur le mi-lieu elle a paru en parcourir iufques à 14. & fur la fin fon mouvement s'eftant ralenty, elle n'a plus fait que fes deux degrez comme au commen-cement. Si l'on difoit que toutes ces inégalitez de mou-vement fuffent arriuées à une feule Eftoile errante; ie trou-verois quelques perfonnes qui en pourroient demeurer d'accord avec moy : mais quand on affemble plufieurs Eftoiles errantes, qui ne font point à la chaifne comme des Forçats, mais à qui l'on don-ne des mouvements fort dif-ferents, & que l'on veut ce-

pendât qu'à mesure que l'vne
d'icelles tend vers le Midy,
toutes les autres y rendent
aussi ; & si elle retourne vers
le Septentrion , les autres y
retournent pareillement : &
que si vne seule precipite ou
ralentit son mouvement de la
difference qu'il y a de deux
degrez à quatorze, toutes les
autres la suivent & fassent la
mesme chose ; c'est ce qu'on
ne peut expliquer dans cette
opinion par vn mouvemét naturel , & c'est aussi ce que ie
vois faire grande difficulté à
tous ceux, à qui on le propose.

Enfin ces trois Mathema-
ticiens , qui ont mis leurs
Ephemerides au iour , ont
terny tout l'éclat que cette

opinion pouvoit recevoir d'v-
ne si grande multitude d'E-
stoiles ; car si la Comete en
estoit composée, la vitesse ou
la lenteur de son mouve-
ment ne pourroit estre attri-
buée qu'au pur hazard ; le
chemin qu'elle tiendroit seroit fort incertain ; & ainsi
voyant d'abord plusieurs E-
stoiles assemblées, qui feroiét
par iour enuiron deux degrez
dans le Ciel ; seroit-il possible qu'un Astronome pût prevoir le cercle qu'elles dé-
criront par leur mouvement,
& determiner qu'vn certain
iour elles feront trois degrez,
un autre quatre , vn autre
quatorze , &c. C'est pourtant ce que ces Messieurs ont

G ij

fait dans les Ephemerides,
qu'ils ont renduës publiques,
dés que noftre derniere Comete à commencé de paroi-
ftre ; & c'eft auffi ce qui ne
laiffe aucune réponce à ceux
qui ont voulu réveiller l'opinion d'Anaxagore & de De-
mocrite.

Laiffons donc là cette o-
pinion pour paffer à vne autre
qui me paroift plus fimple
que toutes les autres , & par
confequent qui aura plus de
vray-femblance. Car en fait
d'hypothefes , il faut tou-
fiours eftimer davantage celles qui eftant plus fimples,ne
laiffent pas d'expliquer tous
les Phœnomenes.

CHAPITRE VI.

Sentiment de quelques Mathe-maticiens suivant les princi-pes de M. Descartes.

TOutes les opinions pre-cedentes ont posé des principes qui n'avoient au-cun autre vsage, que pour expliquer les Phœnomenes des Cometes ; & ainsi ces Hypotheses n'ont aucune liaison avec le reste de la Physique, ou de l'Astrono-mie. Mais cette derniere a cela de particulier qu'elle ne suppose rien exprés pour l'in-telligence de cette matiere;

G iij

elle n'employe que ce qui luy
fert pour l'explication de tous
les mouvemens Phyfiques,
& principalement des Planetes, des Eftoiles fixes, & des
autres corps celeftes. De forte que fi quelqu'vn y trouve
quelque difficulté, elle ne
proviendra pas tant de la
chofe mefme, que de celuy
qui n'eftant pas verfé dans
les principes de cette Philofophie, aura peine à en
faire l'application.

On demeure maintenant
affez facilement d'accord que
la Comete eftant fi éloignée
de nous, ce ne peut eftre
vne matiere terreftre qui aille fe placer parmy les corps
celeftes, pour y prendre tou-

tes les differentes figures, &
y recevoir tous les mouvements surprenants, que nous
remarquons dans les Come-
tes. Ie vois les Mathematiciens affez d'accord que ce
doit eftre vne matiere celefte, quoy qu'ils ne conviennent pas dans fa determina-
tion.

Neantmoins iufques à pre-
fent on n'a remarqué dans
les Cieux que des Eftoiles,
des Planetes, & des taches
où corps nebuleux qui nous
dérobent fouvent leur af-
pect, comme on s'en eft affuré par le moyen des nouvelles Lunetes. C'eft pourquoy fi l'on ne veut rien
fuppofer de nouveau, il faut

trouver dans ces trois sortes
de corps la matiere des Cometes.

On ne conte que sept Pla-
netes, entre lesquelles le Soleil luit de sa propre lumiere, & les six autres d'vne lumiere qu'elles empruntent
de luy, en reflechissant ses
rayons sur la Terre. Mais
on observe quantité d'Estoiles fixes qui comme autant
de petits Soleils luisent de
leur propre lumiere , & paroissent toutes brillantes aux
yeux de ceux qui les regardent.

Il est certain premiere-
ment , que la Comete n'est
point vne de ces sept Planetes, puis qu'on les a pû tou-

tes remarquer dans leur place ordinaire, pendant que
la Comete attiroit tant de
Spectateurs.

Il est certain en second lieu,
que la Comete n'est point
vne des Estoiles fixes qui luifent par leur propre lumiere, ny vne de ces Estoiles
que l'on a découvert avec
des Lunetes autour de Iu-
piter & de Saturne, qui ont
toutes vn mouvement d'Oc-
cident en Orient. Car la Comete ne luit point par sa
propre lumiere, mais seulement par la reflexion des rayons du Soleil; & son mouvement propre est d'Orient
en Occident. Il faut donc
paffer outre, & dire quel-

que chofe de plus.

Et avant que de rien determiner. Ie fais remarquer d'a-
bord qu'il fe peut faire du
changement dans le Ciel auffi
bien que dans la Terre , &
qu'vn corps celefte peut paroiftre dans vn temps pour
difparoiftre dans vn autre.
Par exemple chacun fçait
que dans le Ciel du Soleil
il fe rencontre certains corps
opaques & nebuleux , qui fe
trouvant entre le Soleil &
nôtre veuë , femblent affoi-
blir fa lumiere. Et c'eft ce
qu'on appelle les taches du
Soleil.

Ces taches tournent au-
tour du Soleil en vingt fept
où vint - huiçt jours. Et quoy

que leur mouvement foit à
peu prés regulier, il nous paroift neantmoins avoir beaucoup d'inégalité. Car d'a-
bord nous découvrons qu'elles s'approchent avec vn
mouvement affez lent ; par
apres elles nous paroiffent
tout à coup precipiter leur
cours ; & enfin nous les voyons s'éloigner de nôtre afpect avec autant de lenteur,
qu'elles s'en eftoient appro-
chées. Dont la raifon ne femblera pas beaucoup difficile
à ceux, qui confidereront que
le corps du Soleil eftant rond,
ces taches s'approchent de
nous par vn de fes coftez,
& ainfi parce que nous les
voyons long-temps en face,

nous nous imaginons qu'elles vont fort lentement : puis
quand à nôtre esgard elles
font au milieu du corps du
Soleil, comme elles ne peuvent pas y demeurer long-
temps à caufe de fa figure
ronde, nous jugeons qu'elles vont plus vifte qu'auparavant : Et enfin lors qu'elles s'éloignent de nous par
le cofté oppofé, elles nous
paroiffent avoir repris leur
premiere lenteur, parce que
nous fommes long-temps à
les perdre de veuë, quoy
qu'en effet elles n'aillent pas
plus vifte en vn temps qu'en
vn autre. Ce que chacun
pourra experimenter en faifant tourner d'un mouve-
ment

ment égal quelque corps
noir autour d'une boule
blanche qui feroit expofée à
fa veuë.

Or ces corps nebuleux
n'eftant point compofés d'v-
ne matiere fi raré & fi agi-
tée que le refte du Ciel ,
mais ayant plufieurs figures
fort irregulieres , comme on
le remarque par les Lune-
tes ; elles peuvent s'acro-
cher plufieurs enfemble , &
ainfi nous cacher prefque toute la face du Soleil. Ie fçay
bien qu'il ne fe trouvera
point que le Soleil ayt efté
encore éclypfé entierement
par ces nüages : mais ie fçay
bien auffi que quelques Hiftoriens rapportent que le So-

H

leil a paru quelques fois,
meſme pendant vn an entier,
plus paſle qu'à l'ordinaire,
& que n'eſtant plus environ-
né de rayons, ſa lumiere ne
ſembloit pas plus éclatante
que celle de la Lune. Ie me
ſouviens auſſi de l'avoir veu
trois ou quatre jours conſe-
cutifs ſi chargé de ces tâches, qu'il paroiſſoit tout jauſ-
ne & ſi peu lumineux, que
le commun du peuple diſoit
qu'il eſtoit malade ; & de
peur que quelqu'vn ne s'aille
aviſer de répondre que cela
provenoit des nuées, qui e-
ſtoient chargées d'exhalaiſons dans la ſuperieure region de l'air , c'eſt que dans
ce meſme temps là il n'y

en avoit aucunement , puiſque l'on découvroit les Eſtoiles fixes tres diſtinctement. -

Ce qui arrive au Soleil
peut bien arriver aux Eſtoiles fixes. Et en effet nous
remarquons bien du changement dans leur grandeur ;
puiſque quelques - vnes ſe
trouvent preſentement plus
grandes que les Mathematiciens ne les avoient autre-
fois trouvées , & d'autres ſe
trouvent auſſi beaucoup plus
petites. Ce qui ne peut pas
mieux s'expliquer que par
ces tâches ou corps nebu-
leux , qui cachant quelquesfois vne partie d'vne Eſtoile,
nous la font paroiſtre fort
petite, & ſe diſſipant par aprés

H ij

nous la font voir plus grande.

De plus il se peut faire
qu'vne Estoile fixe qui a esté
long-temps couverte de cette espece d'escorce, vienne
enfin à en estre delivrée,
& commence de répandre
sur la Terre vne nouvelle
lumiere. Ce que personne
ne niera estre déja arrivé,
puisque nous decouvrons
tous les jours de nouvelles
Estoiles que nos anciens n'a-
voient point découvert; té-
moin entre autres cette fameuse Estoile plus éclatante
que toutes les autres, qui parut tout à coup en l'année
mil cinq cent septante deux,
dans vne constellation qu'on
appelle la Cassiopée.

Il est possible pareillement qu'vne Estoile fixe fort é-clatante soit peu à peu obs-curcie par ces tâches, & ca-chée entierement à nôtre as-pect ; comme l'avoüeront fa-cilement ceux qui sçavent que cette Estoile qui écla-toit si vivement en mil cinq cent septante - trois dans la Cassiopée, fut entierement obscurcié en mil cinq cent septante quatre : que des sept Estoiles appellées Pleïa-des par nos anciens, il n'en paroist plus presentement que six : & enfin qu'il y en a beaucoup d'autres dont l'antiquité fait mention, qui ne nous paroissent pourtant plus.

H iij

Prenons maintenant vne
de ces Eftoiles entierement
obfcurcies par les tâches qui
l'environnent de toutes parts,
& examinons fi nous pour-
rions bien prevoir ce qui luy
arrivera en cét eftat, pour
nous affurer fi ce n'eft point
la Comete que nous cher-
chons.

Premierement, vne Eftoile
environnée de cette efcorce
ne peut plus luire par elle
mefme. Car fa lumiere eftant
interrompuë par cette ma-
tiere opaque, elle ne peut
venir iufques à la Terre.
Mais il fe peut bien faire
que le Soleil luy envoyant
fes rayons, elle les réfle-
chiffe, & ainfi paroiffe avoir

vne lumiere non étincelante
comme les Eſtoiles fixes,
mais plus trouble & moins
vive comme la Lune & les
autres Planetes. Et voila
déja la lumiere & la cou-
leur que toutes les Come-
tes ont eu juſques à preſent.

En ſecond lieu, les rayons
du Soleil allant frapper directement ſur l'eſcorce, ou
ſur la matiere la plus condenſée qui couvre l'Eſtoile,
la lumiere ne doit pas eſtre
réflechie ſeulement vers la
Terre, mais auſſi ſur la matiere moins condenſée, qui
environne cette écorce. Comme l'on voit par experience
que ſi quelqu'vn tient vn miroir expoſé au Soleil, les ra-

H iiij

yons fe réflechiffent en divers endroits fuivant que
l'on tient differément le miroir, ou que le Soleil eft en
diverfes parties du Ciel. Car
fi l'on met vn miroir fur vne
place fort vnie, & que le Soleil foit à l'Orient ; les rayons qui s'iront réflechir fur
le miroir, fe jetteront dans
la partie oppofée, c'eft à dire
vers l'Occident. Si le Soleil
eft à l'Occident, les mefmes
rayons fe réflechiront vers
l'Orient. Et fi ce miroir eftoit
juftement au deffous du So-
feil, les rayons y tombants
dans vne ligne perpendiculaire s'écarteroient tout à
l'entour, n'y ayant pas de
raifon pourquoy ils pûffent

réjaillir plus d'vn cofté que de l'autre. Tout de mefme fi l'Eftoile obfcurcie fe rencontre dans nôtre Horizon, & que le Soleil foit pour lors dans la partie Orientale, il y aura des rayons du Soleil qui s'iront réflechir dans la partie Occidentale. Mais au contraire fi cette Eftoile fe trouve dans nôtre Horizon pendant que le Soleil eft dans la partie Occidentale, fans doute que fes rayons feront réflechis vers l'Orient. Enfin fi elle fe trouve en oppofition avec le Soleil, c'eft à dire qu'eftant élevée fur nôtre Horifon, le Soleil foit juftement au deffous en ligne perpendiculaire, pour lors

les rayons doivent eſtre réflechis dans toute la circonference, n'y ayant pas de raiſon pourquoy ils ſe jettent
plus d'vn coſté que de l'autre.

Cela ſuppoſé, il me ſem-
ble qu'on entrevoid déja la
queuë, la barbe, ou la chevelure des Cometes. Car
pour me ſervir du meſme
exemple ; lors qu'vn miroir
réflechit la lumiere du Soleil vers quelque endroit d'v-
ne muraille, n'eſt-il pas viſible que cét endroit paroiſt
plus clair que le reſte de la
muraille. Et la raiſon en eſt
evidente, dautant que cét
endroit eſt éclairê d'vne dou-
ble lumiere, à ſçavoir de
celle qui éclaire toute la mu-

raille, & de celle qui eſt réflechie par le miroir. Ainſi
ſuppoſant le Soleil dans la
partie Orientale, ſi vous demandez pourquoy vne partie
de la matiere, qui environne
l'eſcorce de nôtre Eſtoile obſ-
curcie, paroiſt plus claire &
plus éclatante du coſté de
l'Occident, & fait ce qu'on
appelle la queuë de la Comete ; pendant que le reſte
de cette matiere eſt tout à
fait obſcure & ſans lumiere
apparente? Ie reſponds que
cette partie Occidentale eſt
éclairée doublement par le
Soleil, à ſçavoir par les rayons directs qui tombent
également ſur toute la matiere qui environne l'eſcorce

de l'Eſtoile , & par les rayons réflechis de cette eſcorce vers la partie Occidentale , qui eſt pour lors la
plus oppoſée au Soleil : au
lieu que le reſte de cette
matiere vn peu opaque qui
environne l'eſcorce de l'E-
ſtoile , ne reçoit que quelques
rayôs directs du Soleil , qu'elle ne peut pas réflechir iuſ-
ques à la Terre , parce qu'elle
n'eſt pas ſi condenſée que l'é-
corce qui couvre immedia-
tement l'Eſtoile. C'eſt pourquoy ce n'eſt pas merveille ,
ſi elle n'eſt pas auſſi viſible
& auſſi lumineuſe.

Si l'on demande pareille-
ment d'où vient que le Soleil eſtant dans la partie Occidentale ,

cidentale , la matiere qui environne l'écorce de nôtre E-
ftoile doit paroiftre plus éclatante & former vne queuë du
cofté de l'Orient. Il eft fans
doute tres-facile de me pre-
venir dans la réponce , en
confiderant que la partie doublement illuminée devant
eftre à l'oppofite du Soleil;
c'eft vne neceffité qu'elle foit
vers l'Orient , puifque l'on
fuppofe le Soleil au Cou-
chant.

Enfin fi l'on veut fçavoir
pourquoy nous découvrons
des rayons de lumiere qui
s'épandent tout à l'entour de
nôtre Eftoile , lors qu'elle fe
trouve perpendiculairement
au deffus du Soleil ; il n'y a

I

qu'à faire réflexion, que la
matiere qui environne cette
Eftoile, eft pour lors éclairée
doublement tout à l'entour,
& par les rayons qui viennent directement du Soleil,
& par ceux qui font réflechis du milieu de l'écorce à
la circonference. C'eft pourquoy nous devons découvrir
vne lumiere éclatante, ou plufieurs rayons difperfés tout
à l'entour.

On pourroit encore expli-
quer avec M. Defcartes la
queuë des Cometes par vne
réfraction qui feroit affez in-
telligible, fi on y joignoit la
figure qui fe trouve dans fa
Phyfique : mais ce que nous
venons de dire s'appliquera

facilement à toutes les Cometes , qui ont parû jufques
à prefent. Car Appien ,
Gemma Frifon , Fracaftor,
Cardan , & plufieurs autres
Aftronomes tant anciens que
modernes ont tous obferyé
que le Soleil , la tefte , & la
queuë des Cometes font
toûjours en vn mefme cer-
cle , c'eft à dire que tirant
vne ligne du Soleil au milieu
de la tefte de la Comete , &
la continüant directement ,
elle pafferoit auffi par le milieu de la queuë. De forte
que fi le Soleil eft en Orient,
la queuë tourne vers l'Occident : & fi le Soleil avance
de l'Orient vers le Midy , la
queuë à proportion tourne

de l Occident vers le Septentrion. De mesme que la
lumiere qui se reflechit sur
vn miroir, réjallit vers differents endroits, & tourne à
proportion que le corps lumineux change de place.

Cela se verifie par les observations que l'on fit de la
Comete qui parut en 1618.
dont nous avons encore plusieurs témoins vivants. Et
tout recemment celle qui a
commancé de nous paroistre
en 1664. le second jour de
Decembre, ne laisse aucun
lieu de douter de cette verité. Car comme elle se levoit dans le commencement
de son apparition sur les trois
heures du matin, & que le

Soleil eſtoit par conſequent
dans la partie Orientale ; la
queüe eſtoit tournée vers
l'Occident. Mais en avan-
çant dans le mois de Decébre , cette queüe s'eſt toûjours diminuée , juſques à
ce que la Comete s'eſtant
trouvée en oppoſitiõ avec le
Soleil, elle a paru ſans queüe,
ou environnée de pluſieurs
petits rayons aſſez foibles.
Et enfin ayant commencé
de ſe lever dans le mois de
Ianvier dés les ſix heures du
ſoir , & par conſequent lors
que le Soleil eſtoit au Couchant , ſa queüe s'eſt tournée vers l'Orient , & y eſt
toûjours demeurée , parce
qu'elle a toûjours avancé
I iij

vers le couchant jufques à
ce qu'elle ayt difparu. Nous
en avons r'apporté la figure
cy-deffus.

Nous voyla quittes de la
queüe , de la barbe , & de
la chevelure des Cometes.
Revenons à nôtre Eftoile obfcurcie , & voyons fi nous ne
pourrions point encore prevoir quelque chofe qui fut
arrivée à la Comete.

Avant que d'aller plus loing
je fuppofe que chaque Eftoile
a fon tourbillon particulier ,
ou vn Ciel qui tourne à len-
tour d'elle , de mefme que
l'on eft contraint d'en adme-
tre pour le Soleil. (Et tous
ces tourbillons enfemble feront fi l'on veut ce qu'on ap-

pelle firmament.) Ce qui ne
fera pas difficile à croire, fi
l'on confidere qu'vne Eftoile
fixe eft bien auffi grande que
le Soleil, & qu'elle paroiftroit telle, fi nous la regar-
dions d'auffi-prés, comme
nous regardons le Soleil.
Cela pofé il faut adjoufter
que l'Eftoile eftant compo-
fée d'vne matiere tres-fub-
tile qui tourne fort rapide-
ment au tour de fon centre,
elle agite du mefme mou-
vement circulaire la matiere
moins fubtile du Ciel ou du
tourbillon qui l'environne ;
& fes parties font en méme
temps vn certain effort pour
s'éloigner de leur centre.
Car les parties de tout corps

qui fe meut en rond, tendent
à s'éloigner du centre ; com.
me on le peut experimenter
en laiffant tomber des grains
de fable fur vne piroüete qui
tourne , ou bien par les pier-
res qui font bander & rom-
pre mefme quelquefois la
fronde, dans laquelle on les
fait tourner. Et c'eft dans
cette action ou dans cet effort, que font les parties d'vn
Aftre pour s'éloigner de leur
centre, que confifte la lumiere; car cet effort eftant con-
tinué iufques au fond de nôtre œil, il s'y fait vne petite
impreffion, que nous appellons fentiment de lumiere.

Tout cecy femblera peut-
eftre paradoxe à ceux qui

n'ont jamais parcouru d'autre Philofophie que celle d'Ariſtote. Mais qu'y puis-je faire ? qu'ils ſçachent ſeulement encore vne fois que ces principes ne ſont point poſez exprés pour l'explication de la Comete ; que ce ſont comme autant de Loix de Mechanique dont dépendent tous les mouvements ſurprenants, qui ſe rencontrent dans les corps terreſtres , auſſi bien que dans les corps celeſtes ; & que ſi par ces principes on a découvert cent mille belles verités Phyſiques, qui ſont confirmées par l'experience : il eſt évident que ne les ſuppoſant pas , on eſt obligé d'en de-

meurer à des qualités occultes , à des influences secre-
tes , à des attractions , à des
sympathies , à des antiperi-
stases , & à des mots sem-
blables, qui n'emplissant que
la bouche , & laissant l'esprit
vuide, passent presentement
pour l'azile & le refuge de
l'ignorance.

Ayant donc détaché ces
principes d'vne ample Physique , ie viens à en faire
l'application à nôtre sujet.
Il est certain que si vne Estoile couverte d'vne escorce
n'a plus de lumiere propre,
parce que son action est interrompuë par cette écorce;
par la mesme raison elle ne
doit plus aussi avoir de force

pour faire tourner la matiere de son Ciel, ou de son
tourbillon autour de soy méme. D'où il est facile de conclure que ce tourbillon, dont
les parties n'ont plus de mouvement rapide autour de leur
Estoile , doit estre emporté
peu à peu par les tourbillons
voisins qui se meuvent avec
tres - grande vitesse , & que
ceux-cy estendront tellement
leur circonference par sa de-
struction , que l'vn d'iceux
pourra bien renfermer dans
son estenduë cette Estoile
obscurcie , qui estoit au centre du tourbillon destruit.
De mesme que si deux Fleu-
ves tres-rapides venoient à
s'approcher en telle maniere,

qu'ils ne fuffent plus feparez
que par vne petite Riviere
d'eaüe dormante ; il eft évident qu'ils luy communique-
roient en peu de temps leur
rapidité , & qu'ils augmen-
teroient leur eftenduë par fa
deftruction.

Or que doit il maintenant
arriver à cette Eftoile , qui
n'ayant plus de tourbillon
propre, eft emportée dans vn
autre ? doit elle y trouver du
repos , ou bien y recevoir
quelque mouvement , qu'elle n'a pas de foy mefme ?
Sans doute, fi nous confide-
rons que ce nouveau tour-
billon eft agité en rond par
cet effort, en quoy nous a-
vons dit que confifte la lumiere

miere de l'Aftre qu i eft à fon centre : & que d'ailleurs nô-tre Eftoile, qui y furvient, doit paffer pour vne matiere plus condenfée , à caufe de fon écorce ; nous penferons d'a-bord que cette Eftoile de-vroit prendre le mouvement circulaire de ce tourbillon, & eftre pouffée vers le centre. Mais fi nous r'appellons en memoire cette Loy de la na-ture ; que les corps pefants, qui font agités circulairemét, tendent toûjours à s'éloigner du centre , & s'en éloignent veritablement , s'ils ne font arreftés par quelques autres corps ; nous conclürons que nôtre Eftoile ne pouvant eftre retenuë par la matiere de ce

K

nouveau tourbillon, qui eft
plus rare & plus fubtile; elle
entrera par vn de fes coftés;
ira paffer vis à vis du centre,
& puis s'échappera par le
cofté oppofé dans vn autre
tourbillon. De forte que (cõ-
me il fe void dans la figure
fuivante) cette Eftoile d'é-
crira par ce mouvement prefques vne ligne droite , qui
paffant à travers d'vn cercle,
s'approchera du centre en
paffant par devant , & s'en
efloignera à force qu'elle fera
prefte d'en fortir; & ainfi elle
continüera fon chemin de
tourbillon en tourbillon ,
ayant toûjours fes Apogées
aux extremitez du cercle, ou
du tourbillon où elle fe ren-

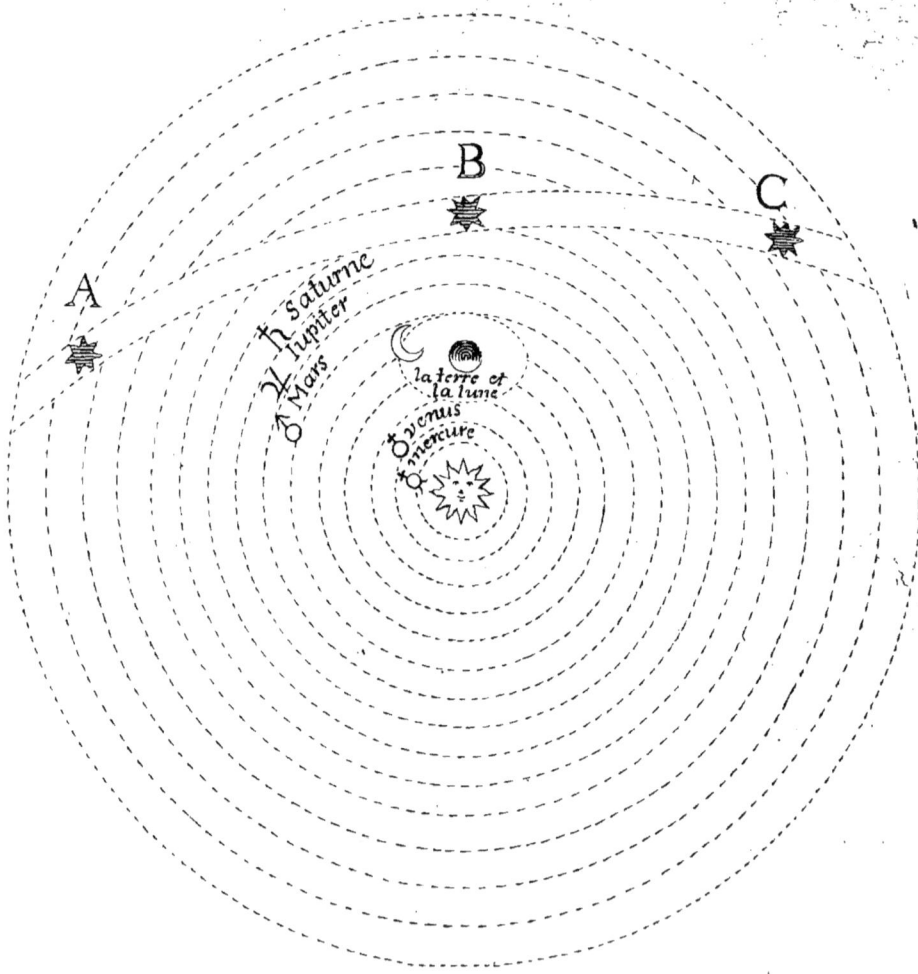

A　　　B　　　C

♄ Saturne
♃ Jupiter
♂ Mars
la terre et
la lune
♀ venus
☿ mercure

contrera , & son Perigée vis-à-vis du centre.

Si donc par succession de temps il arrive que cette Estoile vienne à entrer dans vn cercle, ou dans vn tourbillon, dans lequel la Terre soit contenuë avec le Soleil, & les autres Planetes ; comme dans cette figure. C'est vne premiere consequence que cette Estoile doit avoir, à nostre égard, deux Apogées, & vn Perigée ; c'est à dire deux poincts où elle soit beaucoup esloignée de nous , & vn autre où elle soit plus proche. A. C. sont ses Apogées, & B. est son Perigée. Car supposant vn corps qui par son mouvement décrive vne li-

gne qui coupe vne portion
de quelque cercle, il eſt évident que ce corps eſt bien
plus proche du centre, quand
il eſt vis à vis, que quand il
eſt aux poinⅽts de la circonference, par leſquels il entre
ou ſort de ce cercle. Or les
Aſtronomes ſçavent bien que
cela eſt arrivé à noſtre derniere Comete, & qu'environ
le milieu de ſon apparition,
elle eſtoit beaucoup plus prés
de nous, que ſur le commencement ou ſur la fin. Suivant
les Ephemerides de Monſieur
Auzout, elle a deu dans ſon
Perigée ſe trouver ſept fois
plus prés de nous, que dans
ſes Apogées; c'eſt à dire que le
29. Decembre elle eſtoit ſept

fois plus prés de la Terre, que le 2. Decébre, ou le 27. Ianvier.

C'eſt vne ſeconde conſequence, que le mouvement de cette Eſtoile nous ſemble d'abord aſſez lent ; parce qu'elle avance par l'vn des coſtez de ce grand cercle qui nous environne. Mais quand elle ſera vis à vis de nous, elle nous doit paroiſtre aller beaucoup plus viſte, & parcourir plus de degrez de ce cercle en moins de temps ; parce que ſi nous diviſons vn cercle en 360. degrez, nous les contons à l'extremité de ſa circonference, & non pas ſelon la ligne droite, qui paſſant à travers, en coupe vne portion. Enfin s'éloignant de

K iij

nous, elle nous doit paroiſtre aller toûjours plus lentement, parce qu'elle ſe retire de noſtre tourbillon, ou de noſtre cercle par le coſté oppoſé à celuy, par où elle eſtoit entrée : ce qui ne peut ne nous ſembler que fort peu ſenſible ; comme nous l'avons prouvé, en expliquant cy deſſus comment les taches du Soleil ſemblent ſe mouvoir autour de luy, tantoſt viſte, & tantoſt lentement ; quoy qu'en effet il n'y ait pas grande inégalité dans leur mouvement. Or tout cecy s'eſt rencontré dans le mouvement de la Comete, qui nous a parû ſur la fin de l'année 1664. Car d'abord nous l'avõs veu avan-

cer affez lentement, comme
faifant chaque iour vn, ou
deux, ou trois degrez : fur la
fin de Decembre elle a paru
faire jufques à douze, ou
treize, ou quatorze degrez:
& enfin apres vne fi grande vi-
teffe apparente, fon mouvement nous a femblé telle-
ment fe ralentir pendant tout
le mois de Ianvier, qu'elle ne
faifoit plus que trois degrez,
puis deux, ou vn, & encore
moins en vingt-quatre heures. Mais toute cette inégalité de mouvement n'ayant efté
qu'en apparence ; il eft maintenant facile de juger que les
Mathematiciens, qui ont infe-
ré de-là, qu'il y avoit parû
deux Cometes differentes

n'avoient aucun fondement
folide , & que faute de fuppofer l'Hypothefe que nous
établiflons, la feule apparence
les avoir trompé.

C'eft vne troifiéme confe-
quence, que nous devons eftre
plus de temps à voir efloi-
gner cette Eftoile du cofté,
par où elle fort de noftre tourbillon, que nous n'avons efté
à la voir approcher du cofté,
par où elle eft entrée. Car il
ne fe peut faire que venant
d'vn autre tourbillon que le
noftre, elle n'ait efté encore
entourée de la matiere de
cét autre tourbillon , jufques
à ce qu'elle ait efté vn peu
avancée dans le noftre ; &
ainfi elle ne nous a pas deu

paroiſtre dés ſon entrée. Mais
lors qu'elle s'éloigne de nous,
il n'y a point de matiere
eſtrangere qui nous puiſſe em-
peſcher de la découvrir : c'eſt
pourquoy elle nous doit encore paroiſtre, meſme lors
qu'elle eſt dé-ja entrée dans
vn autre tourbillon que le
noſtre. Et c'eſt auſſi ce que
l'experience nous a fait remarquer dans noſtre Comete.
Car il eſt certain que nous
n'avons pas mis tant de temps
à la voir approcher de la Terre, & parvenir à ſon Perigée,
comme nous en avons mis à
l'en voir eſloigner, & s'approcher de ſon dernier Apogée.
A peine avons nous eſté quin-
ze jours à Paris à la voir mon-

ter à son Perigée ; au lieu que
les plus clairs-voyants ont pû
remarquer son esloignement
depuis le 29. Decembre jusques au 10. Fevrier , qui est
le dernier jour qu'ils disent
l'avoir apperceüe.

C'est vne quatriéme consequence , que cette Estoile
nous paroisse bien plus grande , lors qu'elle est avancée
dans nostre Ciel , que lors
qu'elle est aux extremités.
Car plus vne chose est distan-
te de nostre veüe , plus on la
void sous vn petit angle : or il
est certain que lors que cette
Estoile est avancée dans nôtre tourbillon , elle est dans
son Perigée , c'est à dire dans
l'endroit de son chemin le

plus proche de nous : comme
au contraire elle eſt dans ſes
Apogées, où dans les endroits
les plus eſloignez, lors qu'elle eſt aux extremitez de noſ-
ſtre tourbillon ; c'eſt pourquoy elle nous doit paroiſtre
changer de grandeur, quoy
qu'en effet elle ſoit toûjours
la meſme. Et c'eſt encore vne
choſe verifiée dans noſtre derniere Comete. Car elle nous
a parû bien plus grande dans
ſon Perigée, lors qu'elle eſtoit
le plus proche de la Terre,
qu'elle n'a parû auparavant,
& apres, lors qu'elle en eſtoit
plus eſloignée.

C'eſt vne cinquiéme conſequence, qu'vn Mathemati-
cien peut faire dans ſon ca-

binet des Ephemerides de
cette Eftoile , & déterminer
à peu prés combien elle durera fur noftre horifon : quand
elle doit paroiftre precipiter , où retarder fon cours :
quand elle féblera plus grande ou plus petite : quand elle arrivera à fon Perigée , ou
à fes Apogées ; & plufieurs
autres chofes femblables ,
pourveu qu'on luy fourniffe
feulement quatre ou cinq obfervations fort exactes. Car
voyant fur le Globe l'en-
droit par où cette Eftoile a
entré dans noftre Ciel , &
examinant le chemin qu'elle
a tenu pendant quatre ou cinq
iours : il eft concevable que
l'on peut luy tracer à peu
prés

prés-le chemin qu'elle tiendra
dans noftre Ciel:que l'on peut
prevoir fi elle approchera prés
de nous , & par quel endroit
elle s'échappera de noftre
tourbillon , & ainfi déterminer le temps & le lieu,où elle nous paroiftra plus grande,
& avoir vn mouvement plus
prècipité. Car on fçait bien
qu'vne ligne droite , qui coupe vne portion de cercle , eft
plus courte ou plus longue,
fuivât qu'elle paffe plus loin,
ou plus prés du centre ; &
qu'ainfi il y doit avoir des
Cometes qui durent fort peu,
& d'autres qui durent plus
long-temps , parce que les
premieres s'approchent moins
de nous que les dernieres , &

L

parcourent vne tres petite
portion de noftre Ciel ; comme on peut fe le reprefenter
par la figure precedente.

C'eft pourquoy vn celebre
Mathematicien fur trois ou
quatre obfervations, qui luy
furent communiquées dés le
mois de Decembre, traça facilement fur vn Globe celefte
le chemin, que la Comete devoit tenir pendant toute fa
durée. Il remarqua qu'en la
comparant avec le Zodiaque,
elle avanceroit toûjours d'O-
rient en Occident, contre l'or-
dre des fignes, c'eft à dire par
la Balance, la Vierge, le
Lion, l'Ecreviffe, les Ge-
meaux, le Taureau, & le
Belier : & qu'en la comparant

avec les Eſtoiles.fixes , elle paſſeroit par les conſtellations appellées le Corbeau , l'Hydre, le Navire Argo , le grand Chien , le Lievre , le Fleuve Eridan , & la Baleine. Ce qui s'eſt trouvé depuis tres conforme à la verité.

C'eſt auſſi en quoy ont réüſſi admirablement trois Mathematiciens , deux à Paris , l'autre à Bordeaux. Car comme nous avons dé-ja dit cy-deſſus , ils nous ont donné des Ephemerides de la Comete, dés le commencement de ſon apparition , dans leſquelles ils nous ont marqué à peu prés toutes ces choſes , ainſi qu'elles ſont du depuis arrivées. Et la meſme choſe avoit

L ij

dé-ja efté faite par vn autre
Mathematicien, à l'occafió de
la Comete, qui parut en 1618.

Voila l'explication des
queftions les plus curieufes
qui fe peuvent propofer fur
la matiere des Cometes. S'il
y a encore quelques obfervations, que nous ayons omifes:
je crois qu'il fera facile de tirer toutes les confequences,
qui regardent ce fujet, des
principes que nous avons po-
fez. Par exemple, fi l'on de-
mandoit le lieu & l'éloignement de la Comete : on void
bien que dans cette opinion,
auffi bien que dans la precedente, il faudroit la plaçer
plus haut que Saturne & les
autres Planetes, qui tournent

dans noftre tourbillon autour du Soleil, comme autour de leur centre. Or fuivant la fupputation commune, Saturne eft efloigné de nous, d'environ fept ou huiĉt mille diametres de la Terre, c'eft à dire d'environ vingt millions de lieuës françoifes. Car vn diametre de la Terre vaut 2785. de nos lieües ordinaires.

Tout de mefme, fi l'on a quelque difficulté pour le mouvement journalier, qui fe fait en 24. heures ; quoy qu'il fe puiffe aifément expliquer dans tout fentiment : neantmoins pour plus grande facilité, on pourroit le fuppofer avec Copernique dans la Maffe terreftre, en la faifant tour;

ner autour de son axe en 24.
heures, pendant que la Comete par vn mouvement propre passeroit à travers de nostre tourbillon ; comme on
void dans la figure precedente.

Mais si quelqu'vn avoit de
la peine pour les principes,
d'où nous avons tiré les con-
sequences precedentes, il
pourra s'en éclaircir en lisant
toute la troisiéme partie des
principes de Monsieur Descartes. Car je m'écarterois
trop de mon sujet, si je vou-
lois icy entreprendre leur explication plus au long.

CHAPITRE VII.

Des effets de la Comete.

IE me fens invité, pour ache-
ver ce difcours, à dire quelque chofe des effets de la
Comete. Car c'eft ce, dont ie
vois prefentement la pluspart
du monde fe mettre en peine.

Ie fçay bien que l'Aftrolo-
gie judiciaire, qui fait pro-
feffion de mentir, & ne dit
jamais la verité, que par hazard, trouvera icy vne matiere fort ample, pour ap-
puyer fes refveries. Car de ce
que l'on a veu paroiftre la Comete dans des conftellations

qui s'appellent le Corbeau, &
l'Hydre , qui font des animaux , dont l'vn ne fe nourrit
que de corps morts , & l'autre ne répand que du venin
par tout où il paffe ; les Aftro-
logues ne manqueront pas
d'affurer, que la Comete eft
vn préfage infaillible de pefte,
& de grande mortalité. De ce
que la Comete paroiffoit fort
grãde lors qu'elle eftoit dans
le figne du Lion; ils la feront
paffer pour vn figne affuré
de feditions , & de guerres
fanglantes. De ce qu'en continüant fon chemin, elle a écli-
pfé quelques Eftoiles dans
vne conftellation, qui s'appelle le Fleuve Eridan ; ils luy
attribüeront fans doute tous

les naufrages , & toutes les
tempeftes, qui s'éleveront fur
la Mer. Enfin ils trouveront
encore bien d'autres rencontres , qui leur donneront occafion de debiter leurs fables,
& leurs contes ordinaires ;
comme on la pû dé-ja recon-
noiftre dans vn traité des Cometes , qui paroift depuis
quelques jours. Mais nous
devons examiner la chofe plus
ferieufement , & confiderer
en bons Philofophes , quelles effets on pourroit raifon-
nablement attribüer à la Comete , comme à leur propre
caufe.

La Comete eft vne Eftoile
obfcurcie par des taches qui
la couvrent, & qui par con-

sequent réflechit quelque lumiere du Soleil sur la Terre.
Or l'experience nous assure,
que toute lumiere est ca-
pable de prodüire quelque
mouvement entre les par-
ties des corps terrestres , sur
lesquels elle tombe , & ainsi
y causer quelque alteration.
C'est pourquoy l'on ne peut
pas nier que la Comete considerée comme vne cause Physique , ne soit capable de prodüire quelque effet sur la
Terre.

Mais cét effet sera-t'il sensible? doit-on en esperer quelque chose d'avantageux , ou
en craindre quelque chose de
funeste ? C'est ce que ie ne
pense pas qu'il y ait lieu de

croire. Car fi l'on fait réflexion fur le mouvement infi-
niment plus grand, qui peut
eftre caufé fur la Terre par
la lumiere du Soleil , par
celle des Eftoiles fixes, & de
toutes les Planetes enfemble ; on ne trouvera pas que
la lumiere de la Comete
doive avoir vn effet fort con-
fiderable.De mefme que fi vn
Pigeon vollant dans l'air, ve-
noit à paffer devant vn Efpallier chargé de tres beaux
fruicts , & qu'il luy déro-
baft pour vn inftant la lumiere du Soleil : ou bien, fi
vous voulez, que quelqu'vn
vint à paffer avec vne chan-
delle allumée dans l'allée,qui
eft devant cét Efpallier ; il ne

faudroit pas nier à vn obfti-
né , que ces rencontres ne
fuffent capables de produire
quelque petite chofe:mais s'il
prétendoit inferer de-là qu'il
deut arriver quelque changement notable aux fruicts de
cét Efpallier ; on devroit , ce
me femble, le traiter d'im-
pertinent, & de ridicule.

Ie fçay bien que l'on ne
manquera pas de m'objecter
l'effroy vniverfel de tous les
peuples,la croyance vnanime
des anciens Philofophes , &
l'autorité des Poëtes , qui fe
font toûjours reprefentez la
Comete comme vn Aftre fa-
tal , qui traifnoit quantité
de malheurs apres fa queüe.
Car comme dit le Prince
des

des Poëtes.

--- *Nunquam cœlo spectatū impunè Cometem.*

Et le Poëte Aratus.

Tu steriles agros, & inania vota coloni
Siccus, & efferuens, dire Cometa, facis.

Et Manil. Ch. 1. des Cometes.

Illi etiam belli motus, feraque arma minātur.
Magnorū & clades populorū, & funera regū.
Quin & bella canūt, varios subitosq; tumultus.
Et clandestinis surgentia fraudibus arma.
Ciuiles etiā motus, cognataq; bella
Significant.

Mais à cela je répond premierement avec Platon, que les opiniōs du peuple doivent toûjours nous estre fort suspectes, parce qu'il s'attache souvent à ses sentiments par passion, plûtost que par raison ; & qu'il ne s'arreste pas à rechercher la cause, & la nature des choses, qui luy paroissent ; mais qu'il ne se

Sapienti viro suspectū esse debet quidquid vulgo vehementer arridere videbit. Plato in γ b.

M

laiſſe toucher que par celles qui ſont extraordinaires,
ſans ſe mettre en peine d'vne
infinité d'autres beaucoup
plus admirables, qui arrivent
tous les jours. Ainſi l'on ne
voit point que perſonne s'ef-
fraye, lors que le Soleil ſe
couchant tous les jours, laiſſe noſtre Hemiſphere couvert
d'épaiſſes tenebres : & neantmoins s'il arrive quelquefois que la Lune ſe trouvant
audeſſous de luy, l'éclipſe
pour vn moment, & nous em-
peſche de recevoir ſa lumiere ; le peuple eſt dans l'admiration & dans l'épouvante ;
on dit que le Soleil ſouffre,
qu'il ſe bat avec la Lune ; &
qu'enfin apres tant de com-

bats il demeure victorieux ;
& tout cela sans autre raison,
que parce que c'est vne chose
extraordinaire ; car il est aussi naturel que le Soleil nous
soit caché quelquefois par
l'interposition de la Lune,
comme il est necessaire qu'il
le soit tous les jours par l'interposition de la Terre.

2. Pour ce qui est des Poëtes,
leur authorité n'est icy nulle-
ment considerable. Car vou-
lant escrire quelque chose qui
tombe facilement dans la pen-
sée du public, ils ne se mettent pas tant en peine de la verité, comme de l'opinion commune ; ils laissent le chagrin
pour les Philosophes, qui ap-
profondissent les questions

M ij

dans les Echoles ; & ne fe
fervent que de ce qui eft plus
fuperficiel, & plus propre à
agréer & à plaire.

3. Quant aux Philofophes,
ils font tout a fait inexcufa-
bles, s'ils ont eu des fentiments touchant les effets de
la Comete, tels qu'on leur
attribuë. Car cela ne pourroit
provenir que de l'ignorance,
& de l'erreur qu'ils auroient
eu pour ce qui regarde cette
matiere. Et fi l'on en veut
croire la plufpart, c'eft Ariftote qui a donné le fondement à toutes les confequences ridicules, que l'on a de-
bitées fur cette matiere ; car
ayant enfeigné que les Cometes s'engendroient des ex-

halaisons de la terre , qui al-
loient s'enflammer dans la
superieure region de l'air :
voicy comme ont raisonné
les Sectateurs de ce Phi-
losophe. Les exhalaisons ,
disent-ils , qui composent la
Comete , ayant des qualitez
adustes & sulphurées , elles
déseichent & corrompét l'air,
que nous sommes obligez de
respirer continuellement , &
ainsi causent quantité de maladies contagieuses ; & nous
eschauffant le temperament ,
elles portent nós esprits aux
révoltes , aux querelles , &
à la guerre. Car , comme dit
Gallien, les mouvements de
l'esprit suivent souvent le
temperament du corps : or

le temperament du corps
eſt ſi fort eſchauffé par la reſ-
piration continüelle d'vn air
remply d'exhalaiſons enflammées, que la bile dominãt parmy les humeurs, elle agite les
eſprits animaux dans le Cer-
veau, elle fait boüillir le ſang
dans les Veines, & n'inſpire
dans les Cœurs que des mouvements violents pour de
nouvelles entrepriſes, pour
des ſeditions, pour des maſ-
ſacres, & pour d'autres tumultes, qui ſont capables de
renverſer les throſnes les
mieux affermis. Et ce qui eſt
icy bien plus à remarquer,
c'eſt que ces Philoſophes veulent que ces effets ſoient davantage à craindre pour les

Princes, & pour les grands,
que pour les autres ; parce
que le temperament, ou la
côplexion naturelle des Princes estant plus tendre & plus
delicate, elle est aussi plus
susceptible des influêces malignes des Cometes.

Si tout ce que disent ces
Messieurs avoit quelque fondement raisonnable, les Me-
decins sans doute devien-
droient bien-tost les plus considerables de l'Estat ; & il faudroit leur dresser des Statües
comme à desDieux tutelaires
des Sceptres & des Couron-
nes ; puis qu'en purgeant
par vne doze de Rheubarbe
l'excez de la bile, ils détour-
neroient tous ces grands mal-

M iiij

heurs , & affermiroient la paix par tout l'vnivers.

Il feroit inutile de nous arrefter maintenant à refuter toutes ces confequences en détail : il fuffira de nous reffouvenir qu'elles font tirées d'vn principe tres faux ; puis qu'il n'eft point vray que les Cometes s'engendrent d'exhalaifons , & qu'elles fe rencontrent dans la region fuperieure de l'air , comme nous l'avons monftré au commencement de ce difcours. Conclüons donc , que c'eft fans aucun fondement raifonnable , que quelques-vns ont tafché de perfuader , que les Cometes préfageoiétvne tresgrande fuite de malheurs.

Mais, dira quelqu'vn, nous
fçavons par experience que
les Cometes traifnent toûjours quelques malheurs a-
pres leurs queües. Les Hiftoriens nous marquent affez
ponctuellement, que plufieurs
grands Princes ont fait des
pertes tres-confiderables ;
que plufieurs maladies contagieufes ont dépeuplé des
Provinces entieres ; & que
des guerres fort fanglantes
fe font allumées dans des
Royaumes, ou l'on avoit découvert quelque Comete.
Par exemple, Califtene remarque qu'il y en parût vne
peu de temps avant qu'He-
lice & Bure villes d'Achaïe
fuffent fubmergées, & englou-

ties dans la Mer ; & veut aufſi que cette meſme Comete fût vn preſage de la perte de l'Empire , & de tous les malheurs qui arrivérent cette année à la Grece.

Seneque ayant parlé de la Comete, qui parût durant le Conſulat de Patercule & de Volpice , dit qu'elle fût ſuivie de pluſieurs grands changements , qui arriverent par toute la Terre , & qu'il s'éleva de ſi furieuſes tempeſtes , principalement dans Achaïe & dans la Macedoine, que quelques villes y furent entiérement renverſées , & s'abiſmérent par d'effroyables tremblements de Terre.

Vne Comete fût apperceüe

peu avant la ruïne & la fuite
honteufe de Xerxes, lors qu'il
entra dans la Grece avec vne
Armée d'vn million d'hom-
mes , qui y furent pourtant
deffaits par vn tres petit
nombre.

Vne autre Comete parût
fur Carthage l'efpace de 30.
jours , lors qu'elle fût affie-
gée & prife par Scipion.

Avant la guerre qui s'allu-
ma entre Pompée & Cefar ,
on remarqua vne Comete
d'vne grandeur prodigieufe ;
& l'on trouve mefme qu'il y
en parût vne autre qui fembloit pronoftiquer la mort
de Cefar.

Macrobe dit , que la mort
du grand Conftantin fût auf-

fi annoncée en l'An de grace 304. par vne Comete de couleur & de grandeur extraordinaire.

L'hiftoire nous fait mention d'vne autre Comete, qui fut apperceuë en 1434. auquel temps les Chreftiens firent des pertes tres-confiderables, & furent attaquez de malheurs tres funeftes dans la guerre qu'ils faifoient à lors contre les Turcs.

A toutes ces remarques on pourroit en adjoûter vne infinité d'autres : Mais ce feroit perdre le temps inutilement que de s'y arrefter. Ie demeure d'accord que tous ces malheurs & plufieurs autres font arrivez, comme le rapportent

rapportent les Hiſtoriens ; je
ſoûtiens ſeulement que c'eſt
ſans aucun fondement , que
quelques Auteurs en ont
voulu rechercher la cauſe
dans les Cometes , qui les
avoient precedé. L'on ne peut
pas nier qu'il ne ſoit auſſi arrivé quantité de bonheurs
dans ces meſmes années , leſquels on pourroit attribüer à
ces Cometes avec autant de
raiſon , comme on leur attribuë les malheurs. Et ſi
l'on vouloit s'en rapporter
ſeulement à l'Hiſtoire , je ſuis
aſſuré qu'elle nous fourniroit
autant de Cometes qui ont
eſté ſuivies de ſuccez favorables , qu'elle nous en remarque qui ont eu des éve-

N

nements funeſtes.

Si nous remontons juſques au de-là de la naiſſance de IESVS-CHRIST ; ne trouvons nous pas qu'en l'An 356. il parut vne Comete, qui fut ſuivie de l'heureuſe naiſſance du grand Alexandre ; & en 336. vne autre, qui ſembloit devancer les grands Trophées de cét illuſtre Conquerant, puis-que ce fut dans cette meſme année, qu'il monta ſur le Thrône, & qu'il ſignalla ſa valeur en ſubjugant les Perſes?

La naiſſance de Mithridate en 130. ne fut elle pas auſſi accompagnée d'vne Comete. Et ce prodige de ſon Siecle n'en vit-il pas encore vne en

119. lors qu'il fut eſlevé à la Couronne, & qu'il remporta tant de victoires?

Enfin l'Empereur Auguſte ne regarda-t'il pas la Comete qui parut en l'An 44. avant la naiſſance de IESVS CHRIST, comme vn augure favorable, que les Dieux le vouloient eſlever au glorieux Empire des Romains ?

Et ſi nous voulons ſuivre la Chronologie depuis la naiſ-ſance de IESVS CHRIST. Nous trouverons d'abord dans Corneille Tacite que la fameuſe Comete, qui parut au temps de l'Empereur Neron , fut ſuivie de tres-grands bon-heurs par tout l'Vnivers. L'hi-ſtoire nous aſſurera que le

N ij

grand Vſüard Roy d'Angle-
terre remporta de tres-bel-
les victoires en l'An de grace
130. apres avoir obſervé vne
Comete dans ſes Eſtats. En
405. Stilicon vainquit les
Gétes, & découvrit vne Comete qui ſembloit accompa-
gner ſes victoires. En 725.
Charle Martel fut comblé de
toute forte de bon-heurs,
quoy que les Hiſtoriens nous
parlent d'vne Comete qui parut en ce meſme temps. Nous
trouvons que le grand Char-
lemagne fut couronné de lau-
riers, & eſlevé à l'Empire en
800. qu'Adalbert ſurmonta
Adolphe en 1283. & que le
grand Camerlan triompha de
Bajazete en 1456. quoy qu'en

ces années les vainqueurs euſ-
ſent tous découvert des Cometes. Enfin en 1556. en 1558.
& en pluſieurs autres temps,
les Hiſtoriens nous aſſurent
des bon-heurs extraordinaires , & de l'abondance de
toute ſorte de biens , que reſ-
ſentirent quelques Eſtats , où
l'on avoit veu paroiſtre des
Cometes.

Tous, ces traits de l'Hiſtoire nous doivent aſſurément
convaincre, qu'il ne faut avoir
aucun égard aux Cometes ,
pour prévoir ce qui doit arriver ; puis que ſi d'vne part
on en remarque qui ſont quel-
ques-fois ſuivies de faſcheux
évenements , on en remar-
que auſſi de l'autre qui ſont

N iij

assez souvent accompagnées
de tres-heureuses rencontres.
Et si plusieurs grands Roys,
plusieurs Papes, & plusieurs
Empereurs perdent la vie sans
qu'aucune Comete ait pré-
cedé leur mort : il faut aussi croire que plusieurs Cometes se découvrent, sans
qu'elles soient suivies de toutes ces pertes, qui sont si fu-
nestes & si dangereuses pour
les Estats. La derniere qui
nous a paru, nous confirme-
ra sans doute dans cette pen-
sée ; & nous trouvant heu-
reusement sous le regne d'vn
incomparable Monarque, qui
conte autãt de victoires comme d'entreprises, nous n'a-
vons sujet que d'esperer,

Dieu aidant, toute sorte de succez favorables dans ses armes & dans son gouvernement. La santé de la Reyne, qu'il a plu à Dieu d'accorder aux veux de toute la France, est vne preuve visible de la protection particuliere, qu'il prend de nostre Monarchie ; & nous aurions grand tort, si nous luy mettions la foudre en main pour nous accabler, lors qu'il nous comble de toutes les douceurs de sa misericorde.

Les Hollandois mesme qui ont découvert cette Comete dés le 2. Decembre, n'ont pas sujet de la considerer comme vn signe qui présage la corruption de l'air, & qui doive

caufer des maladies contagieufes ; puifque c'eft à peu-
prés dans ce temps-là, que la
pefte qui les avoit tant incom-
modé pendant toute l'année,
s'eft efteinte dans leurs Eftats.
Ce grand tremblement de
terre qui arriva l'année derniere en Canada, & qui fit
abyfmer plus de 50. lieües de
païs, ne peut pas eftre im-
puté à la Comete qui n'eftoit
pas encore formée. Et fi Paris a reffenty qnelque dé-
bordement d'eaüe pendant le
mois de Fevrier dernier; nous
avons bien plus de raifon de
l'attribüer à la grande quantité de neiges qui eftoient
tombées auparavant, que d'a-
voir recours à la Comete qui

n'y a contribué en aucune maniere.

Si donc quelquesfois des
Cometes ont esté suivies de
plusieurs malheurs, il ne faut
point leur en attribuer la
cause ; il n'y a qu'à considerer sur la terre l'esprit de
l'homme en luy-mesme ; &
l'on reconnoistra qu'il est toûjours porté au mal plustot
qu'au bien ; que l'Envie, la
Haine, l'Ambition, le Desir
de regner, l'Avarice, la Cupi-
dité, & les autres passions font
autant de tyrans qui exercent
fur luy vne domination horri-
ble, & qui font autant de four-
ces fecōdes, d'où proviennent
les massacres, les tumultes,
les guerres, & generalement

tous les malheurs, dont nous
fommes juftement accablez ;
fans qu'il foit befoin d'aller
jufqnes aux Cieux, pour y
en rechercher la caufe.

Ie ne veux pas nier pour-
tant que Dieu par les juge-
ments fecrets de fa Providence, ne puiffe fe fervir d'effets tres-naturels, pour nous
menacer des chaftiments que
nous meritons par nos cri-
mes, & pour nous advertir
de nous contenir dans noftre
devoir : comme nous voyons
quelquesfois qu'il employe
les foudres & les tonnerres
pour renverfer les impies.
Mais ce feroit vne trop grande temerité à l'homme, de
vouloir penetrer dans ces ref-

forts divins & impenetra-
bles , & de vouloir déterminer qu'elle fin Dieu pourroit s'eſtre propoſé dans la
production d'vne Comete.

Si nous nous conſiderons
donc comme Philoſophes ,
nous ne devons apprehender
aucun effet funeſte de la Comete , n'y ayant aucune con-
nexion naturelle entre l'apparition d'vn Aſtre ſi foible ,
& tous les grands mal-heurs
que l'on s'imagine ſans raiſon qu'il préſage. Mais ſi nous
nous regardons comme Chre-
ſtiens , nous devons toûjours
adorer tous les ouurages de
Dieu , & nous préparer avec
vne profonde humilité & ſoû-
miſſion, aux divers accidents,

que fa fainte Providence fera naiftre pour noftre bonne,
ou pour noftre mauvaife for-
tune. Sans neantmoins nous
remplir l'efprit, comme faifoient les Payens , de ces
craintes frivoles, qui ne partét
que d'vne fuperftition tout à
fait criminelle , & laquelle
Dieu improuve fort au Chapitre dixiéme du Prophete
Ieremie , lors qu'il nous dit.
A fignis cœli nolite metuere quæ
timent gentes.

F I N.

A

C